国家出版基金项目
NATIONAL PUBLICATION FOUNDATION
“十四五”时期国家重点出版物专项规划项目

A GUIDE TO THE STATE KEY PROTECTED WILD ANIMALS OF CHINA (BIRDS)

国家重点保护野生动物图鉴 鸟类

中国野生动物保护协会 / 主编

海峡出版发行集团 THE STRAITS PUBLISHING & DISTRIBUTING GROUP | 海峡书局

图书在版编目（CIP）数据

国家重点保护野生动物图鉴．鸟类／中国野生动物保护协会主编．一福州：海峡书局，2023.2
ISBN 978-7-5567-0935-9
Ⅰ．①国… Ⅱ．①中… Ⅲ．①野生动物－鸟类－中国－图集
Ⅳ．①Q958.52-64
中国版本图书馆 CIP 数据核字（2022）第 165463 号

出 版 人：林　彬
策 划 人：曲利明　李长青
主　　编：中国野生动物保护协会
责任编辑：廖飞琴　陈　婧　黄杰阳　魏　芳　林洁如　陈　尽　陈洁蕾　邓凌艳
责任校对：卢佳颖
装帧设计：李　晔　林晓莉　董玲芝　黄舒堉
插画绘制：李　晔

GUÓJIĀ ZHÒNGDIǍN BǍOHÙ YĚSHĒNG DÒNGWÙ TÚJIÀN (NIǍO LÈI)
国家重点保护野生动物图鉴（鸟类）

出版发行：海峡书局
地　　址：福州市台江区白马中路 15 号
邮　　编：350004
印　　刷：雅昌文化（集团）有限公司
开　　本：889 厘米 × 1194 厘米　1/16
印　　张：23.5
图　　文：376 码
版　　次：2023 年 2 月第 1 版
印　　次：2023 年 2 月第 1 次印刷
书　　号：ISBN 978-7-5567-0935-9
定　　价：480.00 元

《国家重点保护野生动物图鉴（鸟类）》

组委会

主　任 / 李春良

副主任 / 武明录　王维胜

委　员 / 褚卫东　王晓婷　斯　萍　尹　峰　李林海　谢建国　卢琳琳　于永福　赵星怡　梦　梦　张　玲　钟　义

指导单位 / 国家林业和草原局野生动植物保护司

编委会

执行主编 / 张正旺

执行副主编 / 刘　阳　闻　丞　危　骞　雷进宇　章　麟

编　委 / 徐永春　范梦圆　陈冬小　陈　旸　武立哲　雷维蟠　阙品甲　王鑫森　张国峰　朱思雨　聂顺礼　兰家宇　杜永新
王　瑶　何　伦　郭志明　栾福林　赵　元　王　洁　李明哲　穆雪梅　李雅迪　任元元　张　梦　尹玉涵　李　义
张　明

摄　影　插　画 / （按姓氏笔画排列）

丁　鹏　丁进清　于　涛　马　鸣　马光义　王　艺　王　军　王　斌　王　楠　王　颖　王小炯　王文桐　王文娟　王吉衣
王尧天　王似奇　王志芳　王昌大　王海涛　王榄华　韦　铭　牛蜀军　文志敏　方　昀　邓　钢　邓建新　田三龙　田穗兴
白文胜　白皓天　冯　江　冯利民　永井真人　邢　睿　曲利明　朱　雷　危　骞　刘　兵　刘　璐　刘英春　刘晶敏
关　克　关翔宇　江华志　汤国平　许传辉　许莉菁　那兴海　孙　驰　孙少海　孙华金　孙晓明　苏　靓　杜银磊　巫嘉伟
李　晶　李　强　李洪文　李彬斌　李维东　李锦昌　杨　华　杨　晔　杨庭松　杨晓君　肖克坚　肖炳祥　吴崇汉　何　屹
何杰坤　何晓宾　沈　越　宋　晔　宋迎涛　张　水　张　明　张　浩　张　铭　张　鹏　张代富　张永义　张国强　张建国
陈　宁　陈　锋　陈久桐　陈水华　陈青骞　苟　军　林　晨　林　植　林月云　林刚文　林剑声　罗平钊　罗爱东　季文辉
周奇志　周惠卿　郑永胜　郑建平　郑康华　赵　兴　赵　超　赵建英　姜克红　祝芳振　姚　毅　夏　咏　顾　莹　顾晓军
晏海军　钱　斌　徐　勇　徐　捷　徐永春　徐松平　高　川　郭天成　郭碧川　唐　军　唐万玲　黄　珍　黄　秦　黄亚慧
黄宝平　龚本亮　盛旭明　章　麟　梁　丹　董　磊　董文晓　董江天　董国泰　韩　冬　韩玉清　韩绍文　焦庆利　谢建国
谢晓峰　路　遥　腾　腾　綦　童　蔡小琪　蔡卫和　蔡欣然　臧宏专　廖之锴　颜小勤　颜振晖　薄顺奇　戴　波
Doug Perrine　Hanne　Jens Eriksen　Peter Oxford　Stephen Dalton　Sylvain Cordier　Tom Lindroos　Yuri Shibnev

支持单位 / 北京师范大学　中国观鸟组织联合行动平台（朱雀会）　中山大学生态学院　重庆观鸟会　北京镜朗生态科技有限公司
重庆市野生动植物保护协会　中国科学院昆明动物研究所　飞羽文化（北京）传媒　自然影像图书馆（www.naturepl.com）
西南山地

序

中国是世界上野生动物资源最为丰富的国家之一，据统计，中国仅脊椎动物就达7300种，占全球种类总数的10%以上。

中国政府通过不断完善野生动植物保护法律法规体系、有效履行野生动植物保护行政管理和执法监督、打击野生动植物非法贸易、普及和提高公民的保护意识、加强和拓展双边及多边国际合作，建立了行之有效的综合管理体系，形成了中国特色的野生动物保护管理模式。

中国野生动物保护事业持续健康发展。通过构建以国家公园为主体的自然保护地体系，已形成各级各类自然保护地1.18万处、约占陆域国土面积18%，有效保护了90%的陆地生态系统类型、65%的高等植物群落和71%的国家重点保护野生动植物物种；野生动物种群数量得到恢复，栖息地质量得到改善。朱鹮的数量目前已经增加到7000余只，海南长臂猿数量也增加到了5群35只；强化人工繁育技术，开展野化放归，100多种濒危珍贵物种种群实现了恢复性增长。特别是相继成立了大熊猫、亚洲象、穿山甲、海南长臂猿等珍贵濒危物种的保护研究中心。大熊猫的人工繁育难题实现突破，2021年底圈养种群数量已达到673只。曾经灭绝的普氏野马、麋鹿等重新建立了野外种群。全面禁止野生动植物的非法交易，形成严厉打击野生动植物非法交易的高压态势。2021年亚洲象北移及返回之旅，充分展示了中国野生动物保护的成果，这得益于中国政府对生态建设的高度重视，得益于社会公众对生态保护的大力支持。

30多年的实践表明，《国家重点保护野生动物名录》对强化物种拯救保护、打击乱捕滥猎及非法贸易、提高公众保护意识发挥了积极作用。中国野生动物保护协会、海峡书局出版社有限公司根据新颁布的《国家重点保护野生动物名录》，编辑出版了《国家重点保护野生动物图鉴》，我们真诚地希望通过这套图鉴，为我国野生动物的保护管理、执法监管以及公众教育提供参考，以推动我国的野生动物保护工作。

是为序。

中国野生动物保护协会

2022年3月

前言

2021 年 10 月，举世瞩目的生物多样性公约第 15 次缔约方代表大会在中国昆明拉开了帷幕，与会各国代表共同探讨 2020-2030 年全球生物多样性保护的目标。中国是全球生物多样性最丰富的 12 个国家之一，尤其是特有物种和受胁物种众多，在生物多样性保护方面具有十分重要的责任。

鸟类是中国生物多样性的重要组成部分，在自然生态系统中发挥着重要功能，其分布和数量也是反映一个区域生态质量和环境变化的理想生物指标。中国的鸟类具有物种多样性高、区系起源古老、特有种丰富等特点。据统计，中国现有鸟类 1500 余种，在世界上排名第六位。横断山区、青藏高原、武夷山脉、宝岛台湾等地是我国鸟类物种分化与演化的重要区域。蓝鹀、山噪鹛、红腹锦鸡、白冠长尾雉、贺兰山红尾鸲等物种是仅产于中国的特有物种。长期以来，中国鸟类多样性的保护尤其是珍稀濒危物种的保护受到国内外的广泛关注。

1988 年 11 月，《中华人民共和国野生动物保护法》颁布。1989 年 1 月，《国家重点保护野生动物名录》由林业部、农业部正式发布。该名录包含鸟类 244 种。三十多年来，《国家重点保护野生动物名录》在我国鸟类资源的保护和管理方面发挥了重要作用，朱鹮、褐马鸡、黑脸琵鹭等一批国家重点保护鸟类得到了有效的保护，种群数量得到了显著增长，成为我国野生动物保护的成功案例。

2021 年 2 月，修订后的《国家重点保护野生动物名录》正式公布。在新版名录中，有鸟类 394 种，其中包括国家一级重点保护鸟类 92 种，国家二级重点保护鸟类 302 种。与第一版名录相比，新名录增加的鸟类有 150 种。这反映出，我国在濒危鸟类的保护方面还面临着严峻的形势，未来我们在保护方面需要付出更大的努力。

为了让社会大众了解国家重点保护野生动物，助力我国野生动物的保护工作，中国野生动物保护协会联合海峡书局出版社有限公司组织专家，共同编著了《国家重点保护野生动物图鉴（鸟类）》一书。本书全面介绍了我国的 394 种国家重点保护鸟类，每个物种除了文字介绍，还附有显示其典型特征及其生境的照片，同时对部分物种还增加了可拓展阅读的内容。读者扫描书上的二维码，便可以获得这些重点保护鸟类的地理分布、生活史及其生态习性的更多内容介绍。

由于本书编著时间较短，加上作者水平有限，因此书中难免会有一些不足之处，敬请读者批评指正。

编者

2022年3月

本书使用说明

本书每种物种文字介绍包括中文名、拉丁学名、形态特征、分布，另配一到多幅精彩图片。

本书目录按《国家重点保护野生动物名录》排序，索引按笔画或字母排序，读者可以通过目录或索引查找到每种物种的页码，进而查阅相应内文。

IUCN 红色名录的受胁等级：

NE	未评估	Not Evaluated	DD	数据不足	Data Deficient	LC	无危	Least Concern
NT	近危	Near Threatened	VU	易危	Vulnerable	EN	濒危	Endangered
CR	极危	Critically Endangered	EW	野外灭绝	Extinct in the Wild	EX	灭绝	Extinct

目录

鸟纲

鸟纲

环颈山鹧鸪

Arborophila torqueola

鸟纲 / 鸡形目 / 雉科

形态特征

体长26-29厘米。头顶栗色，具窄的白色眉纹和颚纹，喉部黑色，前颈与胸之间有一白色条带，耳羽栗色。灰色胁部具醒目的栗色和白色纵纹。虹膜黑色，喙黑褐色，脚棕色。

分布

国内分布于西藏东南部、云南西南部、四川西南部。国外见于印度、缅甸、越南、尼泊尔、不丹、老挝。

国家重点保护野生动物 二级

IUCN 红色名录 LC

CITES 附录 未列入

四川山鹧鸪

Arborophila rufipectus

鸟纲 / 鸡形目 / 雉科

形态特征

体长28-30厘米。头顶、眼周和颊纹黑色，耳羽栗色，颏部、喉部白色具黑色纵纹，窄眉纹皮黄色，上胸具栗褐色胸带。依据上述头部和胸带的特点与其他山鹧鸪相区分。虹膜灰褐色，喙黑褐色，脚褐色。

分布

中国鸟类特有种。仅分布于四川东南部至云南东北部的狭窄区域。

国家重点保护野生动物
一级

IUCN
红色名录
EN

CITES
附录
未列入

红喉山鹧鸪

Arborophila rufogularis

鸟纲 / 鸡形目 / 雉科

形态特征

体长25-29厘米。颏部黑色，喉部栗红色，胸部灰色，头顶灰色，具窄的白色眉纹和颚纹。虹膜褐色，喙黑褐色，脚棕色。

分布

国内分布于云南西部和南部地区。国外见于印度、缅甸、泰国、老挝、越南、尼泊尔、孟加拉国、不丹。

国家重点保护野生动物
二级

IUCN
红色名录
LC

CITES
附录
未列入

白眉山鹧鸪

Arborophila gingica

鸟纲 / 鸡形目 / 雉科

形态特征

体长25-30厘米。头顶栗色，前额白色或栗色，颊部和喉部黄褐色，颈侧有黑色纵纹，黑色和栗色的胸带被白色的狭窄胸带分开。依据上述头部和胸部的特点与其他山鹧鸪相区分。虹膜灰褐色，喙黑褐色，脚橙红色。

分布

中国鸟类特有种。仅分布于浙江南部、湖南南部、福建西北部和中部、广东北部、广西东北部。

国家重点保护野生动物
二级

IUCN
红色名录
NT

CITES
附录
未列入

白颊山鹧鸪

Arborophila atrogularis

鸟纲 / 鸡形目 / 雉科

形态特征

体长24-28厘米。眼先、颏部及喉部黑色，并一直延伸到耳羽下方，颊部白色，胸部灰色，头顶灰色，具窄的白色眉纹和颚纹。虹膜褐色，喙黑褐色，脚橙红色。

分布

国内仅见于云南西部的盈江地区。国外见于印度、缅甸、孟加拉国。

国家重点保护野生动物
二级

IUCN
红色名录
NT

CITES
附录
未列入

褐胸山鹧鸪

Arborophila brunneopectus

鸟纲 / 鸡形目 / 雉科

形态特征

体长28-30厘米。眼周黑色，延伸为过眼纹与喉部黑色区域在颈侧相接。颏部、喉部及眉纹皮黄色，头顶及前胸棕褐色，背部具黑色横纹。虹膜褐色，喙黑褐色，脚粉橙色。

分布

国内分布于云南东南部和广西西南部。国外见于东南亚。

国家重点保护野生动物
二级

IUCN 红色名录
LC

CITES 附录
未列入

红胸山鹧鸪

Arborophila mandellii

鸟纲 / 鸡形目 / 雉科

形态特征

体长24-28厘米。以鲜艳红色的头顶、前额、脸颊及胸部区别于其他山鹧鸪。虹膜褐色，喙黑褐色，脚橙红色。

分布

国内仅分布于西藏东南部。国外见于印度和不丹。

国家重点保护野生动物
二级

IUCN 红色名录
NT

CITES 附录
未列入

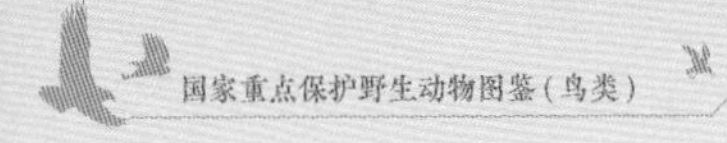

台湾山鹧鸪

Arborophila crudigularis

鸟纲 / 鸡形目 / 雉科

形态特征

体长27-30厘米。眼周黑色，颏部、喉部白色，并一直延伸到耳羽下方，亦具较宽的白色眉纹，颈侧棕色，具黑色纵纹，胸部灰色。虹膜褐色，喙黑褐色，脚橙红色。

分布

中国鸟类特有种。仅分布于台湾。

国家重点保护野生动物
二级

IUCN红色名录
LC

CITES附录
未列入

海南山鹧鸪

Arborophila ardens

鸟纲 / 鸡形目 / 雉科

形态特征

体长28-30厘米。头顶、脸部、颏部和喉部黑色，在颈侧有白色的卵状斑，具白色窄眉纹。依据上述头部的特点与其他山鹧鸪相区分。虹膜褐色，喙黑褐色，脚橙红色。

分布

中国鸟类特有种。仅分布于海南。

国家重点保护野生动物
一级

IUCN
红色名录
VU

CITES
附录
未列入

绿脚树鹧鸪

Tropicoperdix chloropus

鸟纲 / 鸡形目 / 雉科

形态特征

体长25-28厘米。上体与前胸棕褐色或橄榄绿色，杂以黑纹。颈部和上胸锈黄色，被棕褐色的“项圈”分开，不似其他山鹧鸪具有显著的头部特征。虹膜褐色，喙角质褐色，脚绿色。

分布

国内分布于广西西南部和云南东南部。国外见于缅甸、老挝、泰国。

国家重点保护野生动物
二级

IUCN 红色名录
LC

CITES 附录
未列入

花尾榛鸡

Tetrastes bonasia

鸟纲 / 鸡形目 / 雉科

形态特征

体长33-40厘米。雄鸟具有明显的黑色喉部，并带有白色宽边延伸到眼先，眼前有一细黑纹，眼后具一短白斑，羽冠显著。通体褐色，密布虫蠹状斑。两翼杂黑褐色斑。肩羽及翼上覆羽处有白色条带，尾羽褐色，外侧尾羽有黑色次端斑和白色端斑。雌鸟较雄鸟暗淡，喉部颜色较浅。虹膜深褐色，喙黑色，脚角质色。

分布

国内分布于内蒙古东北部、新疆西北部阿尔泰山脉，以及东北三省。国外见于欧亚大陆北部。

国家重点保护野生动物

二级

IUCN 红色名录

LC

CITES 附录

未列入

斑尾榛鸡

Tetrastes sewerzowi

鸟纲 / 鸡形目 / 雉科

形态特征

体长31-38厘米。体色明显比花尾榛鸡深。胸部褐色，下体白色区域较多，具有黑褐色的横斑，胁部具褐色斑。虹膜褐色，喙黑色，脚灰色。

分布

中国鸟类特有种。分布于甘肃中南部、青海东南部、四川西北部、西藏东部。

国家重点保护野生动物
一级

IUCN 红色名录
NT

CITES 附录
未列入

雄

镰翅鸡

Falcipennis falcipennis

鸟纲 / 鸡形目 / 雉科

形态特征

体长37-41厘米。体深褐色，下体具有白色三角形斑，眼后具一白斑，黑色喉部外侧羽毛白色，初级飞羽硬而窄，呈镰刀状。虹膜褐色，喙黑色，脚黄褐色。

分布

国内曾分布于东北小兴安岭和黑龙江下游，但现在可能已灭绝。国外分布于俄罗斯。

 国家重点保护野生动物 二级

 IUCN 红色名录 NT

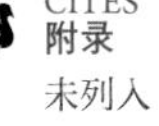 CITES 附录 未列入

松鸡

Tetrao urogallus

鸟纲 / 鸡形目 / 雉科

雄

雄

形态特征

雄鸟体长74-90厘米，雌鸟体长54-63厘米。雄鸟上体灰黑色，胸部辉绿色，下体白色，翅褐色，尾羽灰黑色，求偶时尾可以竖起如扇形，眼周有红色裸区。雌鸟颜色暗淡，胸棕色。两性的喉部羽毛受惊时可竖起成胡须状。虹膜深褐色，喙牙白色，脚灰色，跗跖被羽至脚趾。

分布

国内仅分布于新疆阿尔泰山。国外分布于欧洲北部、中部和巴尔干半岛等地区。

 国家重点保护野生动物 二级

 IUCN 红色名录 LC

 CITES 附录 未列入

黑嘴松鸡

Tetrao urogalloides

鸟纲 / 鸡形目 / 雉科

形态特征

雄鸟体长86-91厘米，雌鸟体长61-65厘米。体大，雄鸟通体黑色，翅和下腹褐色，翅上覆羽具白色尖端。尾上覆羽较长，具有白色的羽端，求偶时尾羽可竖起呈扇形。雌鸟上体棕褐色，具褐色、黑色横斑和白色的羽缘。两性的喉部羽毛受惊时可竖起成胡须状。虹膜深褐色，喙黑色，脚灰黑色，跗跖被羽到脚趾。

分布

国内分布于东北大兴安岭、小兴安岭等地区。国外分布于西伯利亚东部至堪察加半岛。

国家重点保护野生动物
一级

IUCN 红色名录
LC

CITES 附录
未列入

《国家重点保护野生动物名录》备注：原名“细嘴松鸡”

雌

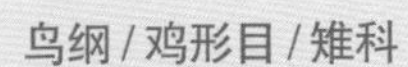

雄

黑琴鸡

Lyrurus tetrix

鸟纲 / 鸡形目 / 雉科

形态特征

雄鸟体长54-61厘米，雌鸟体长44-49厘米。雄鸟全身辉黑色，翼上覆羽端部有明显的白色翼斑，尾呈深叉状，外侧尾羽向外弯曲，尾下覆羽白色。求偶时尾羽可以竖起呈扇形。雌鸟上体棕褐色，具褐色、黑色横斑和白色的羽缘。体型明显小于其他松鸡。虹膜褐色，眼上具红色的裸皮，喙黑色，脚灰褐色。

分布

国内分布于黑龙江、吉林、辽宁、河北东北部、内蒙古东北部、新疆北部等地林区。国外分布于欧亚大陆北部地区。

国家重点保护野生动物
一级

IUCN
红色名录
LC

CITES
附录
未列入

雄

雌

雄

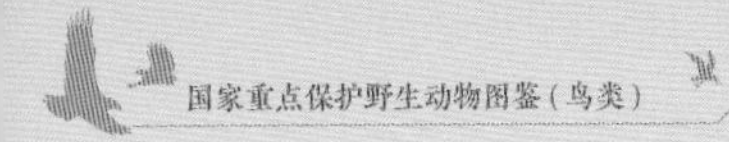

岩雷鸟

Lagopus muta

鸟纲 / 鸡形目 / 雉科

形态特征

体长36-39厘米。冬季雄雌均白色，仅眼上有红色裸皮。夏季雄鸟上体灰色而缀以暗色斑，雌鸟上体棕褐色，具褐色、黑色横斑，翅和下体白色。虹膜深褐色，喙黑色，脚黑色。

分布

国内仅分布于新疆西北部的阿尔泰山。国外分布于欧亚大陆北部地区。

国家重点保护野生动物
二级

IUCN
红色名录
LC

CITES
附录
未列入

雌 · 非繁殖羽

雄

雄

雌 · 繁殖羽

雄

柳雷鸟

Lagopus lagopus

鸟纲 / 鸡形目 / 雉科

形态特征

体长38–41厘米。雄鸟有显著的红色眉瘤。冬羽几乎全白色，仅尾黑色，但通常被白色尾上覆羽覆盖。夏季体羽黄褐色，遍布黑色斑点，仅翼上覆羽、腹部和尾羽端白色，尾羽黑色并被褐色的尾上覆羽遮盖。虹膜深褐色，喙角质色至黑色，脚着白色细羽。

分布

国内仅见于新疆西北部的阿尔泰山、黑龙江北部。国外主要分布于北美洲的北部和欧亚大陆极北部的北极圈内。

国家重点保护野生动物
二级

IUCN 红色名录
LC

CITES 附录
未列入

雄·繁殖羽

雄·繁殖羽

雄·繁殖羽

红喉雉鹑

Tetraophasis obscurus

鸟纲 / 鸡形目 / 雉科

形态特征

体长45-54厘米。上体灰褐色，胸部具有黑褐色的纵纹，腹部、两胁及尾下覆羽具栗红色，翅上覆羽具浅色的端斑，喉部栗红色。虹膜栗色，喙珊瑚红色，脚褐色。

分布

中国鸟类特有种。仅分布于四川北部和中部、青海东部、甘肃祁连山。

国家重点保护野生动物

一级

IUCN 红色名录

LC

CITES 附录

未列入

雌

雄

黄喉雉鹑

Tetraophasis szechenyii

鸟纲 / 鸡形目 / 雉科

形态特征

体长43-49厘米。形态和红喉雉鹑相似，与红喉雉鹑的区别在于喉部呈皮黄色，体型略小。虹膜栗色，喙黑色，脚褐色。

分布

中国鸟类特有种。主要分布于四川西部、青海南部、西藏东南部。

国家重点保护野生动物
一级

IUCN 红色名录
LC

CITES 附录
未列入

暗腹雪鸡

Tetraogallus himalayensis

鸟纲 / 鸡形目 / 雉科

形态特征

体长52-60厘米。体大，身体灰色，脸部和颈部白色，被栗色的线分开是本种最显著的特征。外侧飞羽白色，翅上覆羽具有红褐色的斑纹，尾下覆羽白色。虹膜和喙角质褐色，脚橘红色。

分布

国内分布于新疆的阿尔泰山和天山、青海和甘肃的祁连山脉、西藏喜马拉雅山西段。国外分布于上述山脉相邻的国家。

国家重点保护野生动物
二级

IUCN红色名录
LC

CITES附录
未列入

藏雪鸡

Tetraogallus tibetanus

鸟纲 / 鸡形目 / 雉科

形态特征

体长50-64厘米。头和颈部灰色，前额和喉部白色，耳羽皮黄色。上体棕褐色，下体白色，具黑色的纵纹。外侧的次级飞羽边缘白色。虹膜褐色，喙黄色，脚橘红色。

分布

国内分布于新疆西部、青海和甘肃的祁连山脉、西藏、四川西部和北部。国外分布于尼泊尔、不丹、塔吉克斯坦等地。

国家重点保护野生动物
二级

IUCN
红色名录
LC

CITES
附录
附录 I

阿尔泰雪鸡

Tetraogallus altaicus

鸟纲 / 鸡形目 / 雉科

形态特征

体长58厘米。上体灰褐色，前额和喉部白色，耳羽皮黄色。下胸和腹部白色，下腹部黑色，尾下覆羽白色。翅上覆羽具有白斑。虹膜褐色，喙角质褐色，脚橘红色。

分布

国内仅记录于新疆阿尔泰山。国外见于阿尔泰山脉邻近的俄罗斯和蒙古等国。

国家重点保护野生动物
二级

IUCN 红色名录
LC

CITES 附录
未列入

大石鸡

Alectoris magna

鸟纲 / 鸡形目 / 雉科

形态特征

体长32-45厘米。脸侧连同喉部的黑色领圈外侧还有一层栗褐色的边，且胁部的横纹数目较多。虹膜栗褐色，眼周裸区红色，喙红色，脚红色。

分布

中国鸟类特有种。分布于宁夏、青海、甘肃。

国家重点保护野生动物

二级

IUCN 红色名录

LC

CITES 附录

未列入

血雉

Ithaginis cruentus

鸟纲 / 鸡形目 / 雉科

形态特征

体长37-46厘米。头顶具明显的羽冠，雄鸟体羽乌灰色，蓬松细长，呈披针形。次级飞羽及尾羽具砖红色的羽缘，下体沾绿色，各个亚种之间体羽颜色变化较大。雌鸟暗褐色为主。虹膜褐色，眼周有红色或橙黄色的裸皮，喙黑色，脚橙红色，雄鸟腿上有距。

分布

国内主要分布在西藏、四川、云南西北部和东北部、青海、甘肃、陕西秦岭。国外分布于尼泊尔、印度、缅甸东北部、不丹。

国家重点保护野生动物
二级

IUCN 红色名录
LC

CITES 附录
附录Ⅱ

marionae 亚种

tibetanus 亚种

kuseri 亚种

geoffroyi 亚种

cruentus 亚种

黑头角雉

Tragopan melanocephalus

鸟纲 / 鸡形目 / 雉科

形态特征

雄鸟体长55-60厘米，雌鸟体长45-50厘米。雄鸟仅颈部、前胸绯红色，下体黑色缀以白色圆点，脸部裸露皮肤红色。雌鸟体色暗淡，橘红色眼眶与其他角雉的蓝色相区别。虹膜褐色，喙褐色，脚粉红色。

分布

国内仅在西藏西南部的狮泉河地区曾有过记录。国外分布于巴基斯坦和印度的局部地区。

国家重点保护野生动物
一级

IUCN 红色名录
VU

CITES 附录
附录 I

雄

红胸角雉

Tragopan satyra

鸟纲 / 鸡形目 / 雉科

形态特征

体长55-79厘米。头和喉黑色，体羽绯红缀以具黑色边缘的白色圆点，两翼及尾具褐色。眼周裸皮、肉质角蓝色，颈部肉裾亦蓝色，雄鸟炫耀时张开可见其上的蓝色及红色斑块。雌鸟色暗淡，体羽上多具虫蠹斑。虹膜褐色，喙黑褐色，脚粉红色。

分布

国内见于西藏南部和东南部。国外分布于尼泊尔、不丹、印度。

国家重点保护野生动物
一级

IUCN 红色名录
NT

CITES 附录
附录III

雄

雌

灰腹角雉

Tragopan blythii

鸟纲 / 鸡形目 / 雉科

雄

形态特征

雄鸟体长65-70厘米，雌鸟体长55-60厘米。雄鸟仅颈部绯红色，下体灰色，脸部裸露皮肤黄色，以此与其他角雉雄鸟相区别。雌鸟的黄色眼眶与其他角雉相区别。虹膜褐色，喙角质褐色，脚粉红色。

分布

国内仅分布于云南西部和西藏东南部。国外见于印度和缅甸。

国家重点保护野生动物
一级

IUCN 红色名录
VU

CITES 附录
附录 I

红腹角雉

Tragopan temminckii

鸟纲 / 鸡形目 / 雉科

雄

雌

形态特征

雄鸟体长65-70厘米，雌鸟体长55-60厘米。雄鸟通体绯红色，脸部裸露皮肤蓝色，上体满布灰色而具黑色边缘的点斑，下体具大块的浅灰色鳞状斑与红胸角雉相区别。虹膜褐色，喙黑褐色，脚粉红色。

分布

国内广泛分布于西藏、云南、四川、甘肃、陕西、贵州、湖南、湖北、广西。国外见于印度和缅甸东北部。

国家重点保护野生动物
二级

IUCN 红色名录
LC

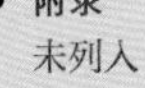

CITES 附录
未列入

黄腹角雉

Tragopan caboti

鸟纲 / 鸡形目 / 雉科

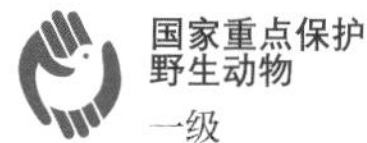

形态特征

雄鸟体长52-63厘米，雌鸟体长45-50厘米。雄鸟下体皮黄色，上体具黄色点状斑，脸颊裸皮、喉垂及头侧肉质角橘黄色，肉裾膨胀时呈蓝色。虹膜褐色，喙灰色，脚粉红色。

分布

中国鸟类特有种。见于浙江、福建、江西、湖南、广东、广西。

雄

雌

雄

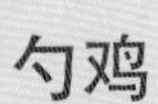

勺鸡

Pucrasia macrolopha

鸟纲 / 鸡形目 / 雉科

雄

形态特征

体长40-63厘米。雄鸟具有长而飘逸的棕黑色羽冠，头呈金属绿色，颈侧具一白斑，上体具披针形的羽毛。雌鸟体型较小，羽冠较短。虹膜褐色，喙黑褐色，脚灰褐色。

分布

国内广布于华北及中东部的省区，自西藏南部至辽宁和河北。国外分布于尼泊尔、不丹、印度、巴基斯坦、阿富汗。

雄

国家重点保护野生动物
二级

IUCN 红色名录
LC

CITES 附录
附录Ⅲ

雌（左）雄（右）

棕尾虹雉

Lophophorus impejanus

鸟纲 / 鸡形目 / 雉科

形态特征

体长70-75厘米。体大而颜色绚丽，雄鸟头部具有如孔雀般的绿色羽束，体色以辉绿色为主，颈侧栗红色，背部羽毛白色，腹部暗绿色，尾羽栗红色。雌鸟较小，全身呈棕褐色。虹膜褐色，眼周蓝色，喙角质褐色，脚暗绿色。

分布

国内分布于西藏南部和东南部。国外分布于阿富汗、巴基斯坦、尼泊尔、印度、缅甸东北部。

国家重点保护野生动物
一级

IUCN
红色名录
LC

CITES
附录
附录 I

雄

雌

雌雄

白尾梢虹雉

Lophophorus sclateri

鸟纲 / 鸡形目 / 雉科

形态特征

体长58-68厘米。雄鸟不具有羽冠，体色以辉蓝黑色为主，下背至尾上覆羽白色，尾羽栗红色，端部白色，雌鸟尾上覆羽和尾端浅褐色有细褐斑。虹膜褐色，眼周蓝色，喙角质褐色，脚暗绿色。

分布

国内分布于西藏东南部、云南怒江以西地区。国外分布于缅甸东北部和印度东北部。

国家重点保护野生动物
一级

IUCN
红色名录
VU

CITES
附录
附录 I

雄

雌

雄

绿尾虹雉

Lophophorus lhuysii

鸟纲 / 鸡形目 / 雉科

形态特征

体长76-81厘米。雄鸟具紫色羽冠，下背白色，尾羽蓝绿色，雌鸟下背到尾上覆羽和尾端浅白色。虹膜褐色，眼周蓝色，喙角质褐色，脚暗绿色。

分布

中国鸟类特有种。分布于四川北部和西部、甘肃南部、青海东部、云南西北部。

国家重点保护野生动物
一级

IUCN
红色名录
VU

CITES
附录
附录 I

雄

雌

雄

红原鸡

Gallus gallus

鸟纲 / 鸡形目 / 雉科

形态特征

雄鸟体长60-70厘米，雌鸟体长42-48厘米。外形和家鸡相似，但较瘦削。尾长，中央尾羽镰刀状。雌鸟棕褐色。虹膜红褐色，眼周有裸皮，肉垂和鸡冠红色，喙黄色，脚铅灰色，雄鸟具有长距。

分布

国内分布于云南西部和南部、广西南部、广东西南部、海南。国外分布于印度、印度尼西亚及中南半岛。

国家重点保护野生动物
二级

IUCN 红色名录
LC

CITES 附录
未列入

《国家重点保护野生动物名录》备注：原名“原鸡”

雄

雌

雄

黑鹇

Lophura leucomelanos

鸟纲 / 鸡形目 / 雉科

形态特征

雄鸟体长63-70厘米，雌鸟体长50-60厘米。体大，雄鸟通体蓝黑色，仅下背、腰和尾上覆羽具白色羽端，头上具有长而直立的羽冠。雌鸟棕褐色，羽缘浅灰色。虹膜橙褐色，眼周裸皮红色，喙黄褐色，脚铅灰色。

分布

国内分布于云南极西部、西藏东南部。国外见于印度北部、尼泊尔、缅甸、泰国。

国家重点保护野生动物
二级

IUCN
红色名录
LC

CITES
附录
附录III

雄

雌

雌鸟带雏鸟

白鹇

Lophura nycthemera

鸟纲 / 鸡形目 / 雉科

雄

形态特征

雄鸟体长90-130厘米，雌鸟体长70-90厘米。雄鸟上体白色并具有黑色纹，下体黑色，头上具黑色羽冠。雌鸟个体较小，通体橄榄褐色，下体具白色或皮黄色条纹。虹膜橙褐色，眼周裸皮红色，喙黄褐色，脚橘红色。

分布

国内广泛分布于华南、华中、西南地区。国外主要见于中南半岛。

国家重点保护野生动物
二级

IUCN
红色名录
LC

CITES
附录
未列入

雄（左）雌（右）

雄

蓝腹鹇

Lophura swinhoii

鸟纲 / 鸡形目 / 雉科

雌

形态特征

雄鸟体长60-80厘米，雌鸟体长50-60厘米。体大而艳丽，雄鸟上体蓝黑色，头有羽冠，上背和中央尾羽白色，肩羽红褐色，翅膀羽毛蓝绿色，具金属光泽。雌鸟个体较小，通体红褐色，次级飞羽和尾羽具横斑。虹膜橙褐色，喙黄色，脚橘红色。

分布

中国鸟类特有种。仅分布于台湾。

雌

国家重点保护野生动物
一级

IUCN
红色名录
NT

CITES
附录
附录 I

《国家重点保护野生动物名录》备注：原名“蓝鹇”

雄

白马鸡

Crossoptilon crossoptilon

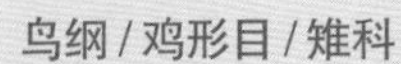

鸟纲 / 鸡形目 / 雉科

形态特征

体长80-100厘米。整体白色或灰白色，腹部及前颈较藏马鸡色浅，尾端黑色，脸上有红色的裸露皮肤，头顶黑色，耳羽簇短，尾羽披散下垂。虹膜黄色，喙粉红色，脚红色。

分布

中国鸟类特有种。分布于西藏东南部、云南西北部、四川西部和北部、青海南部。

国家重点保护野生动物
二级

IUCN
红色名录
NT

CITES
附录
附录 I

藏马鸡

Crossoptilon harmani

鸟纲 / 鸡形目 / 雉科

形态特征

体长81-86厘米。体色灰蓝色，颏、喉、耳羽簇、上颈及下腹白色，耳羽簇短，尾上覆羽银白色，尾羽披散下垂。虹膜褐色至橙褐色，喙粉红色，脚红色。

分布

中国鸟类特有种。分布于西藏南部和东南部。

国家重点保护野生动物
二级

IUCN
红色名录
NT

CITES
附录
未列入

雌

雄

雄

褐马鸡

Crossoptilon mantchuricum

鸟纲 / 鸡形目 / 雉科

形态特征

体长90-100厘米。整体深褐色，颊部和耳羽白色，耳羽簇长而硬，突出于头侧，形似一对角，腰和尾上覆羽白色，尾羽翘起。虹膜黄色，喙粉红色，脚红色。

分布

中国鸟类特有种。主要分布于山西吕梁山脉和太岳山、河北小五台山及其附近地区、北京门头沟和房山区、陕西的黄龙山林区。

国家重点保护野生动物
一级

IUCN红色名录
VU

CITES附录
附录 I

蓝马鸡

Crossoptilon auritum

鸟纲 / 鸡形目 / 雉科

形态特征

体长75-100厘米。整体蓝灰色，仅颊部、耳羽和外侧尾羽白色，耳羽簇长而硬，突出于头侧，尾羽翘起。虹膜黄色，喙粉红色，脚红色。

分布

中国鸟类特有种。仅分布于青海东部和东北部、甘肃南部和西北部、四川北部，以及宁夏与内蒙古交界的贺兰山区。

 国家重点保护野生动物 二级

 IUCN 红色名录 LC

 CITES 附录 未列入

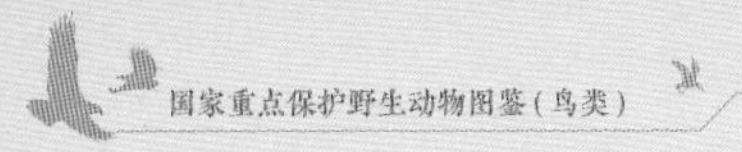

白颈长尾雉

Syrmaticus ellioti

鸟纲 / 鸡形目 / 雉科

雄

形态特征

雄鸟体长81-90厘米，雌鸟体长45-50厘米。体大而华丽，雌雄两型。雄鸟头顶至颈侧灰白色，颏部、喉部黑色，脸部裸皮红色，上背、胸和翅栗色，上背和翅上各具1道和2道白斑，腹部白色，尾羽具栗色和银灰色的横带。雌鸟喉及前颈深色，以此与其他长尾雉雌鸟相区别。虹膜黄褐色，喙黄色，脚蓝灰色，雄鸟具明显的距。

分布

中国鸟类特有种。仅分布于安徽、重庆、浙江、福建、江西、贵州、广东、广西、湖北、湖南等地区。

雌

国家重点保护野生动物
一级

IUCN 红色名录
NT

CITES 附录
附录 I

雌

黑颈长尾雉

Syrmaticus humiae

鸟纲 / 鸡形目 / 雉科

形态特征

雄鸟体长96-104厘米，雌鸟体长47-50厘米。雄鸟头和颈铜蓝色，身体除尾之外的其他部分栗色，翅上具2道白斑，上背亦具一窄的白色斑，尾羽长，呈银白色，具并排的栗褐色横斑。雌鸟棕褐色，喉及前颈浅色，耳羽不具深色斑，与其他长尾雉雌鸟相区别。虹膜黄褐色，喙褐色，脚铅灰色，雄鸟具明显的距。

分布

国内分布于云南、广西、贵州的山区。国外分布于缅甸北部和泰国北部。

国家重点保护野生动物
一级

IUCN 红色名录
NT

CITES 附录
附录 I

雄

雌

雌雄

黑长尾雉

Syrmaticus mikado

鸟纲 / 鸡形目 / 雉科

形态特征

雄鸟体长86-89厘米，雌鸟体长52-56厘米。雄鸟通体紫蓝色，仅脸部裸皮鲜红色，翅上具1道明显的白斑，次级和内侧飞羽外缘白色，尾羽长，亦呈紫蓝色，具窄的白色横斑。雌鸟棕褐色，背上密布灰白色的纵纹，翅上具棕褐色的横斑。虹膜黄褐色，喙角质黄色，脚铅灰色，雄鸟具明显的距。

分布

中国鸟类特有种。仅分布于台湾。

国家重点保护野生动物
一级

IUCN 红色名录
NT

CITES 附录
附录Ⅰ

雄

雌

雌雄

白冠长尾雉

Syrmaticus reevesii

鸟纲 / 鸡形目 / 雉科

形态特征

雄鸟体长140-190厘米，雌鸟体长56-70厘米。体大而华美，雄鸟头部黑白相间，周身羽毛黄色，边缘黑色，形成鱼鳞状的黑色斑纹，雄鸟尾羽长度可达180厘米，且具黑斑。雌鸟较小，尾羽较短，羽色以褐色为主并具有斑纹，脸侧浅黄色，耳羽处具较大的深色斑块是其较容易识别的特征，飞起后外侧尾羽白色很明显。虹膜黄色、浅褐色，喙黄绿色，脚灰褐色，雄鸟具明显的距。

分布

中国鸟类特有种。主要见于陕西、河南、安徽、湖北、贵州的部分山区。

 国家重点保护野生动物 一级

 IUCN 红色名录 VU

 CITES 附录 附录II

雌

雌（左）雄（右）

雄

红腹锦鸡

Chrysolophus pictus

鸟纲 / 鸡形目 / 雉科

雄

形态特征

雄鸟体长86-100厘米，雌鸟体长59-70厘米。颜色炫目，雄鸟枕部至后颈的羽毛金色具黑色条纹，下接辉绿色的上背形成披肩状，下体绯红色，翅金属蓝色。雌鸟较小，周身黄褐色而具有深色杂斑。虹膜黄褐色，雄鸟眼周裸皮黄色并具一小肉垂，喙黄绿色，脚角黄色。

分布

中国鸟类特有种。广泛分布于我国中西部山地。

国家重点保护野生动物
二级

IUCN红色名录
LC

CITES附录
未列入

亚成雄鸟

雄

白腹锦鸡

Chrysolophus amherstiae

鸟纲 / 鸡形目 / 雉科

形态特征

雄鸟体长110-150厘米，雌鸟体长54-67厘米。雄鸟以银白色为主，头顶、喉部、胸部和肩羽金属绿色，上枕部绯红色，枕部具有黑白相间的披肩，翅辉蓝色，下背和腰黄色并逐渐转为红色，腹白色，雄鸟的尾羽可以超过体长的2/3而下弯，除了具有黑色粗横纹外，还有黑白相间的云纹。雌鸟较小，周身黄褐色具黑斑，头后也有近白色带有黑边的羽毛，但不似雄鸟明显。虹膜黄褐色，雄鸟眼周裸皮蓝白色，喙蓝灰色，脚青灰色。

分布

国内见于云南大部、西藏东南部、四川中部和西南部、贵州西部、广西西部。国外分布于缅甸。

 国家重点保护野生动物 二级

 IUCN 红色名录 LC

 CITES 附录 未列入

雄

雌

雄

灰孔雀雉

Polyplectron bicalcaratum

鸟纲 / 鸡形目 / 雉科

形态特征

雄鸟体长57-76厘米，雌鸟体长46-51厘米。身体上以灰褐色为主，密布白色细小的斑点。雄鸟头顶的羽毛松散呈冠状，上背、肩、翅上和尾上具有金属蓝紫色的眼状斑，非常醒目。雌鸟个体较小，羽色暗淡。虹膜灰色，眼周裸皮肉色，喙蓝灰色，脚蓝灰色，雄鸟有距。

分布

国内分布于云南东南部、西部和西南部。国外见于印度东北部、中南半岛。

国家重点保护野生动物
一级

IUCN 红色名录
LC

CITES 附录
附录Ⅱ

雄

雌

雌

海南孔雀雉

Polyplectron katsumatae

鸟纲 / 鸡形目 / 雉科

形态特征

雄鸟体长53-65厘米，雌鸟体长40-45厘米。似灰孔雀雉，但体型较小，羽色较深，雄鸟的羽冠亦较小，背上眼状斑为金属绿色，且尾羽上的眼状斑黑色外缘周围亦有白色区域。虹膜灰色，眼周裸皮红色，喙蓝灰色，脚蓝灰色，雄鸟有距。

分布

中国鸟类特有种。仅分布于海南西南部山地。

国家重点保护野生动物
一级

IUCN
红色名录
EN

CITES
附录
未列入

绿孔雀

Pavo muticus

鸟纲 / 鸡形目 / 雉科

雄

形态特征

雄鸟体长 230-250 厘米，雌鸟体长 100-110 厘米。体大而华丽，与分布于国外的蓝孔雀（*Pavo cristatus*）的区别在颈部、胸部和胁部为绿色而非蓝色，且头顶羽簇为柳叶状而非线状。虹膜红褐色，眼周裸皮蓝色，喙黑褐色，脚褐色。

分布

国内分布于云南西部和西南部。国外见于印度东北部、印度尼西亚爪哇岛及中南半岛。

国家重点保护野生动物
一级

IUCN
红色名录
EN

CITES
附录
附录II

雄

雄

栗树鸭

Dendrocygna javanica

鸟纲 / 雁形目 / 鸭科

形态特征

体长38-40厘米。体小，雌雄羽色相似，头顶沿后颈至上背栗褐色且具扇形斑纹，具金黄色眼圈，颏部、喉部乳白色，肩羽红褐色，头部、颈部和下体浅栗色，尾下覆羽乳白色。虹膜暗褐色，喙灰黑色，脚灰黑色。

分布

国内见于云南、广西南部、台湾、海南、广东、香港。国外分布于南亚、东南亚。

国家重点保护野生动物
二级

IUCN
红色名录
LC

CITES
附录
未列入

鸿雁

Anser cygnoid

鸟纲 / 雁形目 / 鸭科

形态特征

体长80-94厘米。体大，喙长且上喙与头顶成一直线，喙基疣状突不显且与额基之间有一条棕白色细纹，头顶至后颈到上背棕褐色，下颊和前颈近白色，体羽浅棕褐色而具白色横纹，臀及尾下覆羽白色，似灰色家鹅。虹膜红褐色或金黄色，喙黑色，脚橙黄色或橙红色。

分布

繁殖于中亚、西伯利亚南部和蒙古，越冬于东亚。国内主要繁殖于东北地区，越冬于长江中下游和东部沿海地区。

国家重点保护野生动物
二级

IUCN 红色名录
VU

CITES 附录
未列入

白额雁

Anser albifrons

鸟纲 / 雁形目 / 鸭科

形态特征

体长70-86厘米。通体棕褐色而具白色和黑色横斑，腹部具粗细不一的黑色条斑，臀及尾下覆羽白色，喙基至前额的白色条斑未延伸至上额。虹膜黑褐色，喙粉红色，脚橘红色。

分布

国内迁徙期见于东北至西南，越冬期大部分见于长江中下游和东南沿海。国外繁殖于全北界的寒带苔原和冻原，越冬于北美、欧亚大陆的中部和南部。

国家重点保护野生动物
二级

IUCN 红色名录
LC

CITES 附录
未列入

小白额雁

Anser erythropus

鸟纲 / 雁形目 / 鸭科

形态特征

体长56-66厘米。体棕褐色，形态与白额雁非常相似，但体型略小，喙较短，颈也较短，白色额部与头部比例也更显大，具金黄色眼圈。虹膜黑褐色，喙粉红色，脚橘红色。

分布

繁殖于欧亚大陆的极地苔原和冻原带，越冬于巴尔干半岛、西亚和东亚。国内过境见于东北、华北、华中、华东，越冬于长江中下游和华南水域。

国家重点保护野生动物
二级

IUCN 红色名录
VU

CITES 附录
未列入

红胸黑雁

Branta ruficollis

鸟纲 / 雁形目 / 鸭科

二级

IUCN
红色名录
VU

CITES
附录
附录Ⅱ

形态特征

体长53-56厘米。体色艳丽，喙短而头圆，颈粗短，喙基和前颊白色，后颊、前颈和前胸栗红色，臀、尾基部及尾下覆羽白色，其余部分黑色，但各色斑之间有白色线条相隔。虹膜暗褐色，喙灰黑色，脚灰黑色。

分布

繁殖于西伯利亚北部极地冻原带，越冬于东南欧和西亚，迷鸟见于西欧和东亚。国内迷鸟记录于辽宁、河北、山东、河南、安徽、江西、湖北、湖南、四川、广西、新疆。

疣鼻天鹅

Cygnus olor

鸟纲 / 雁形目 / 鸭科

形态特征

体长125-160厘米。雄鸟前额具明显黑色疣状突，通体雪白，雌鸟似雄鸟但无疣状突或较小，体型也较小。虹膜褐色，喙橘红色，脚黑色。

分布

国内繁殖于新疆、青海、内蒙古、甘肃、四川北部的草原湖泊，越冬于东南沿海，迷鸟至台湾。国外繁殖于西欧至中亚，越冬于非洲北部至印度。

国家重点保护野生动物
二级

IUCN 红色名录
LC

CITES 附录
未列入

雄

雌

雌

小天鹅

二级

IUCN
红色名录
LC

CITES
附录
未列入

Cygnus columbianus

鸟纲 / 雁形目 / 鸭科

形态特征

体长115-150厘米。全身雪白，形态似大天鹅而较小，喙基部黄色区域较大天鹅为小，上喙侧黄色不超过鼻孔且前缘不显尖长，喙峰为黑色。虹膜褐色，喙黑色而具黄色喙基，脚黑色。

分布

国内主要越冬于长江中下游和东南沿海，罕见越冬于西南地区，迷鸟至台湾。国外繁殖于全北界环北极苔原带，越冬于分布区的南部。

大天鹅

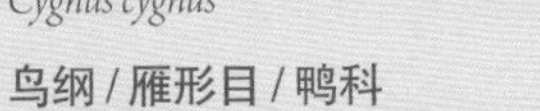

Cygnus cygnus

鸟纲 / 雁形目 / 鸭科

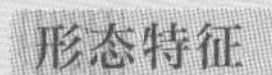

形态特征

体长140-160厘米。通体雪白，喙基具大片黄斑，体型较小天鹅为大。虹膜褐色，喙黑色而基部黄色，脚黑色。

分布

繁殖于格陵兰和欧亚大陆北部，越冬于中欧、中亚、东亚。国内繁殖于新疆、内蒙古及东北，主要越冬于黄河中下游流域，偶见于长江中下游流域，迁徙时经华北、东南沿海，迷鸟至台湾。

国家重点保护野生动物
二级

IUCN 红色名录
LC

CITES 附录
未列入

鸳鸯

Aix galericulata

鸟纲 / 雁形目 / 鸭科

形态特征

体长41–51厘米。雄鸟头具冠羽，眼后具宽阔的白色眉纹，颈部具同色丝状羽，翼折拢后形成橙黄色的炫耀性“帆状饰羽”，翼镜绿色而具白色边缘，胸腹至尾下覆羽白色，两胁浅棕色。雌鸟灰褐色，眼圈白色，眼后有一白色眼纹，翼镜同雄鸟但无帆状饰羽，胸至两胁具暗褐色鳞状斑。虹膜褐色，喙雄鸟暗红色，雌鸟灰褐色或粉红色，脚橙黄色。

分布

国内繁殖于东北、华北、西南及台湾，迁徙时见于华中和华东大部，越冬于长江流域及其以南区域。国外分布日本、韩国、朝鲜、俄罗斯、蒙古等国家。

国家重点保护野生动物 二级

IUCN红色名录 LC

CITES附录 未列入

雄

雌（左）雄（右）

雄（左）雌（右）

棉凫

Nettapus coromandelianus

鸟纲 / 雁形目 / 鸭科

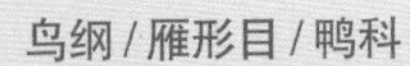

体长31–38厘米。雄鸟前额至头顶、上背、两翼及尾深绿色，具深绿色颈环和肩带，两翼边缘及其他部位乳白色。雌鸟较雄鸟暗淡，上背、两翼及尾为黄褐色，两翼无白色边缘，其他部位皮黄色，褐色过眼纹较雄鸟明显。虹膜雄鸟红色，雌鸟深褐色，喙灰黑色，脚灰色。

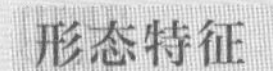

国内主要分布于长江流域及其以南。国外见于印度和澳大利亚北部。

国家重点保护野生动物
二级

IUCN 红色名录
LC

CITES 附录
未列入

花脸鸭

Sibirionetta formosa

鸟纲 / 雁形目 / 鸭科

形态特征

体长36-43厘米。雄鸟头部纹理独特，前半部黄色，后半部墨绿色，由黄、绿、黑、白、褐等多种颜色组成。上背和两胁蓝灰色，胸部红棕色而杂有暗褐色圆斑，胸侧和尾基两侧各有一条竖直的白色条纹，尾下覆羽黑褐色，翼镜绿色染棕。雌鸟全身黑褐色而具鳞状纹，头部颜色较浅，喙基具一白色点斑，脸侧具月牙形白色斑块。虹膜褐色，喙黑色，脚灰黑色。

分布

繁殖于东北亚，越冬于东亚。国内迁徙时经过东北和华中大部，越冬于华东、华中、华南。

国家重点保护野生动物
二级

IUCN红色名录
LC

CITES附录
附录Ⅱ

云石斑鸭

Marmaronetta angustirostris

鸟纲 / 雁形目 / 鸭科

形态特征

体长39-48厘米。通体灰色而具黄白色点斑，上体灰色较深，头部、眼周及眼后灰色较深而形成模糊的眼罩。体色单调但与其他雁鸭难以混淆。虹膜暗褐色，喙蓝灰色，脚橄榄黄色。

分布

国内罕见于新疆西部。国外分布于西欧至中亚的湖泊，非繁殖季至非洲北部。

国家重点保护野生动物
二级

IUCN
红色名录
VU

CITES
附录
未列入

青头潜鸭

Aythya baeri

鸟纲 / 雁形目 / 鸭科

雄

形态特征

体长42-47厘米。雄鸟头部墨绿色而具光泽，上背、颈部至前胸栗棕色，上体黑褐色，翼暗褐色而翼镜白色，两胁栗褐色，尾下覆羽白色，腹部白色且延至两胁，与栗褐色相间形成白色不明显的纵纹。雌鸟全身黑褐色，头部尤显黑，喙基具一栗褐色斑，翼镜和尾下覆羽白色。虹膜雄鸟白色，雌鸟暗褐色，喙灰黑色，脚铅灰色。

雄

分布

国内繁殖于东北、华北、华中，迁徙时经过华中和华东，越冬于黄河中下游、长江中下游及其以南地区，包括台湾。国外繁殖于西伯利亚东南部，越冬于朝鲜半岛、南亚、东南亚及日本。

国家重点保护野生动物
一级

IUCN
红色名录
CR

CITES
附录
未列入

雄

斑头秋沙鸭

Mergellus albellus

鸟纲 / 雁形目 / 鸭科

形态特征

体长38-44厘米。体型小，雄鸟眼罩、后枕、上背、胸侧及初级飞羽黑色，其余体羽白色，两胁具灰色蠕虫状条纹。雌鸟头、上颊及后颈红棕色，下颊、颏、喉至前颈白色，其余体羽灰色，下腹白色。虹膜褐色，喙短而略带钩，灰黑色，脚灰黑色。

分布

国内繁殖于东北，越冬于松花江、鸭绿江、黄河、长江及珠江流域，迷鸟至台湾。国外分布于古北界多个国家和地区。

国家重点保护野生动物
二级

IUCN 红色名录
LC

CITES 附录
未列入

雌

雄

中华秋沙鸭

Mergus squamatus

鸟纲 / 雁形目 / 鸭科

雄

形态特征

体长49-64厘米。形态清秀，雄鸟头、颈黑色而泛绿色光泽，具长羽冠，背黑色，下体和前胸白色，两胁具明显的黑色鳞状斑。雌鸟头、颈栗褐色，羽冠较短，眼先和过眼纹深褐色，上体灰褐色，颏、喉、前胸和下体白色，两胁具鳞状斑。虹膜褐色，喙狭长而尖端带钩，鲜红色，尖端明黄色，脚橘红色。

分布

国内繁殖于东北地区，过境经过东部和中部，主要越冬于黄河、长江及珠江流域。国外繁殖于西伯利亚中东部和朝鲜半岛北部，越冬于朝鲜半岛、东南亚及日本。

雌雄

国家重点保护野生动物
一级

IUCN
红色名录
EN

CITES
附录
附录 I

雌鸟雄鸟带幼鸟

白头硬尾鸭

Oxyura leucocephala

鸟纲 / 雁形目 / 鸭科

雄

形态特征

体长43-48厘米。喙形奇特，雄鸟全身棕褐色，头部白色，头顶和领部黑褐色，整个身体和尾部呈深浅度不一的栗褐色。雌鸟和幼鸟体羽与雄鸟相似，头顶黑褐色通过颈后与上背相连，下颊部有明显的黑褐色横纹。虹膜黄色，雌鸟颜色较淡，喙雄鸟灰蓝色，基部膨大，雌鸟灰黑色，基部膨大较小，脚灰色。

分布

国内夏候鸟见于新疆西北部，偶见于内蒙古、 四川、天津、陕西、湖北。国外分布于欧洲东南部、亚洲中部和西部、非洲西北部。

国家重点保护野生动物
一级

IUCN 红色名录
EN

CITES 附录
附录II

雌

雌

白翅栖鸭

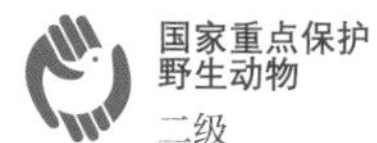

Asarcornis Scutulata

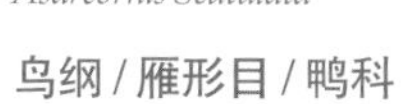
鸟纲 / 雁形目 / 鸭科

形态特征

体长66-81厘米。全身暗黑色，头颈部白色具有黑色斑点，雌雄体色相近，但雌鸟体型略小，头颈斑点更密，体羽也较暗淡。两翼覆羽白色，次级飞羽蓝灰色，喙暗黄色。

分布

国内仅见于云南西南部。国外分布于中南半岛和苏门答腊岛及印度。

赤颈䴙䴘

Podiceps grisegena

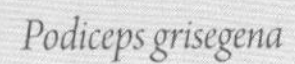
鸟纲 / 䴙䴘目 / 䴙䴘科

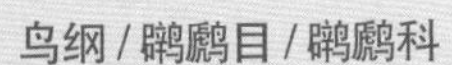

形态特征

体长40-57厘米。繁殖期成鸟头顶和上体黑褐色，与灰白色颊部形成鲜明对比，颈到上胸栗红色，其余上体灰褐色，下体白色，非繁殖期成鸟头顶和上体灰褐色，颊部、颈侧、前颈和身体余部灰白色。虹膜褐色，喙黑色，基部黄色，脚黑色。

分布

国内在黑龙江有繁殖记录，在西北、华北和东南沿海为罕见旅鸟或冬候鸟，迷鸟至四川。国外广布于欧亚大陆、北非和北美西部。

国家重点保护野生动物
二级

IUCN 红色名录
LC

CITES 附录
未列入

非繁殖羽

繁殖羽

角䴙䴘

Podiceps auritus

鸟纲 / 䴙䴘目 / 䴙䴘科

繁殖羽

形态特征

体长31-39厘米。繁殖期成鸟头顶、颈部和上体黑色，与橙黄色的过眼纹形成鲜明的对比，由颈侧、上胸到腹部栗色，非繁殖期成鸟头顶、后颈和上背黑褐色，颊部、颈侧、前颈和身体余部白色。虹膜红色，喙黑色，端部浅色，脚黄灰色。

分布

国内在新疆西北部、内蒙古、黑龙江繁殖，在东南和长江中下游地区越冬。国外见于欧亚大陆、北美洲。

国家重点保护野生动物
二级

IUCN
红色名录
VU

CITES
附录
未列入

繁殖羽

黑颈䴙䴘

Podiceps nigricollis

鸟纲 / 䴙䴘目 / 䴙䴘科

形态特征

体长25-35厘米。繁殖期成鸟头顶、颈部和上体黑色，眼后具有金黄色扇形的饰羽，两胁红褐色，下体白色。非繁殖期成鸟头部黑色区域较角䴙䴘多，颈部灰黑色，喙略上翘，和角䴙䴘区别明显。虹膜红色，喙黑色，端部浅色，脚黑色。

分布

国内在新疆、内蒙古、黑龙江、吉林繁殖，越冬于南方的沿海水域和湖泊。国外见于欧亚大陆、北美北部和北非。

国家重点保护野生动物
二级

IUCN 红色名录
LC

CITES 附录
未列入

繁殖羽

非繁殖羽

繁殖羽

中亚鸽

Columba eversmanni

鸟纲 / 鸽形目 / 鸠鸽科

形态特征

体长25-31厘米。上背灰色，翼上具2道不完整黑色横纹，颈侧有绿紫色闪光的小块斑，下背白色，眼圈黄色而虹膜颜色也不同，初级飞羽基部的浅色区域较大，头顶粉红色，翼下较白。虹膜深色，喙黄色，脚肉色。

分布

国内记录于新疆喀什和天山地区。国外见于土耳其至印度西北部。

 国家重点保护野生动物 二级

 IUCN红色名录 VU

 CITES附录 未列入

斑尾林鸽

Columba palumbus

鸟纲 / 鸽形目 / 鸠鸽科

形态特征

体长38-43厘米。身体壮实，胸粉红色，颈侧具绿色闪光斑块，下缘有乳白色块斑，飞行时黑色的飞羽及灰色的覆羽间具白色宽横带。幼鸟颈侧无乳白色块斑，胸棕色。虹膜黄色，喙偏红色，脚红色。

分布

国内罕见，留鸟见于新疆喀什和天山地区。国外分布于欧洲至俄罗斯、伊朗、印度北部。

 国家重点保护野生动物 二级

 IUCN红色名录 LC

 CITES附录 未列入

紫林鸽

Columba punicea

鸟纲 / 鸽形目 / 鸠鸽科

形态特征

体长35-40厘米。头顶及颈背灰白色，下体黄褐色，上背及翼覆羽栗褐色，腰青灰色，尾黑褐色，整个体羽具绿色及紫晶色闪辉，眼周裸露皮肤及蜡膜洋红色。虹膜米黄色至红色，喙浅色而基部洋红色，脚绯红色。

分布

国内在西藏南部和海南为罕见留鸟。国外见于印度东北部至东南亚。

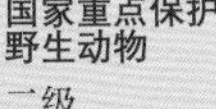

国家重点保护野生动物
二级

IUCN
红色名录
VU

CITES
附录
未列入

雄

斑尾鹃鸠

Macropygia unchall

鸟纲 / 鸽形目 / 鸠鸽科

形态特征

体长33-40厘米。尾长。背及尾满布黑色或褐色横斑。雄鸟头灰色，颈背呈亮蓝绿色，胸偏粉色，渐至白色的臀部；雌鸟颈背无亮绿色，其余部分似雄鸟，背上横斑较密，尾部有横斑。虹膜黄色或浅褐色，喙黑色，脚红色。

分布

国内主要分布于华南、西南、华东地区。国外见于印度、缅甸、越南、马来西亚、泰国、印度尼西亚等地。

雄

国家重点保护野生动物
二级

IUCN
红色名录
LC

CITES
附录
未列入

菲律宾鹃鸠

Macropygia tenuirostris

鸟纲 / 鸽形目 / 鸠鸽科

形态特征

体长36-40厘米。雄鸟周身褐色，体大而尾长，似斑尾鹃鸠，但周身无显著横斑，头颈及下体暖棕色，上体及尾羽橄榄棕色。雌鸟具有特征性浅黄色额部和顶冠。虹膜浅褐色，喙角质褐色，脚红色。

分布

国内偶见于台湾。国外分布于菲律宾群岛及周边地区。

国家重点保护野生动物
二级

IUCN
红色名录
LC

CITES
附录
未列入

雄

雌

雄

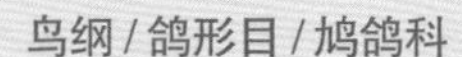

小鹃鸠

Macropygia ruficeps

鸟纲 / 鸽形目 / 鸠鸽科

形态特征

体长30-32厘米。具有长尾，而全身呈暖棕色，胸皮黄色，外侧尾羽具黑色横斑和深色的次端斑，上体锈褐色，羽毛有浅褐色边缘。雄鸟颈背有绿色及淡紫色闪光；雌鸟胸部深色，斑纹较浓重。虹膜灰白色，喙褐色而端黑色，脚珊瑚红色。

分布

国内见于云南南部至西南部。国外广布于东南亚。

国家重点保护野生动物
一级

IUCN 红色名录
LC

CITES 附录
未列入

《国家重点保护野生动物名录》备注：原名“棕头鹃鸠”

橙胸绿鸠

Treron bicinctus

鸟纲 / 鸽形目 / 鸠鸽科

形态特征

体长24-29厘米。初级飞羽全黑色，次级飞羽和大覆羽黑色但有明黄色边缘，覆羽暗绿色，双翼合拢时可见黄色边缘和条纹，脸前部绿色，颈背及上背灰色。雄鸟下体黄绿色，上胸淡紫色，下胸橘黄色；雌鸟胸部绿色，尾上覆羽近橘黄色，尾灰色，外侧尾羽具黑色次端斑。虹膜蓝色及红色，喙绿蓝色，脚深红色。

分布

国内分布于海南、台湾、香港。国外见于印度及东南亚。

国家重点保护野生动物
二级

IUCN 红色名录
LC

CITES 附录
未列入

灰头绿鸠

Treron pompadora

鸟纲 / 鸽形目 / 鸠鸽科

形态特征

体长24-28厘米。雄鸟似厚嘴绿鸠，但喙较细，无明显的眼圈，翼覆羽及上背绛紫色，胸部染橙红色；雌鸟全身绿色，尾下覆羽具短的条纹而非横斑。虹膜外圈粉红色而内圈浅蓝色，喙蓝灰色，脚红色。

分布

国内分布于云南西双版纳。国外见于印度、斯里兰卡及东南亚。

国家重点保护野生动物
二级

IUCN
红色名录
LC

CITES
附录
未列入

雄

雌

厚嘴绿鸠

Treron curvirostra

鸟纲 / 鸽形目 / 鸠鸽科

形态特征

体长20-29厘米。喙显得短粗而身体厚实。雄鸟背部及内侧翼上覆羽绛紫色，雌鸟相应部位深绿色。额及头顶灰色，颈绿色，下体黄绿色，翼近黑色，具黄色羽缘和1道明显的黄色翼斑，中央尾羽绿色，其余灰色具黑色次端斑，两胁绿色具白斑，尾下覆羽黄褐色。虹膜黄色，眼周裸皮艳蓝绿色，喙黄色而基部红色，脚绯红色。

分布

国内分布于云南、海南、广西，偶见于香港、重庆。国外见于印度西北部、尼泊尔及东南亚。

国家重点保护野生动物	IUCN 红色名录	CITES 附录
二级	LC	未列入

雄

雄（左一）雌

黄脚绿鸠

Treron phoenicopterus

鸟纲 / 鸽形目 / 鸠鸽科

形态特征

体长27-34厘米。上胸的黄橄榄色条带延伸至颈后，与灰色下体及狭窄的灰色后领成反差，尾上偏绿色，具宽大的深灰色端斑。虹膜外圈粉红色而内圈浅蓝色，喙灰色，蜡膜绿色，脚黄色。

分布

国内在云南西部和南部为留鸟。国外见于印度、斯里兰卡及中南半岛。

国家重点保护野生动物
二级

IUCN
红色名录
LC

CITES
附录
未列入

雌

针尾绿鸠

Treron apicauda

鸟纲 / 鸽形目 / 鸠鸽科

形态特征

体长31-40厘米。具有修长的灰蓝色针形中央尾羽。雄鸟通体绿色，胸沾淡橘黄色，尾下覆羽黄褐色；雌鸟胸浅绿色，尾下覆羽白色并具深色纵纹。虹膜红色，喙灰蓝色，脚绯红色。

分布

国内罕见于云南、四川、西藏、广西。国外分布于孟加拉国至东南亚。

国家重点保护野生动物
二级

IUCN红色名录
LC

CITES附录
未列入

楔尾绿鸠

Treron sphenurus

鸟纲 / 鸽形目 / 鸠鸽科

雌

形态特征

体长28-33厘米。雄鸟头绿色，头顶和胸部橙黄色，上背紫灰色，翼覆羽及上背紫栗色，其余翼羽及尾深绿色，大覆羽及飞羽羽缘略带黄色，臀淡黄色具深绿色纵纹，两胁边缘略染黄色，尾下覆羽棕黄色；雌鸟通体绿色，尾下覆羽及臀浅黄色具大块深色斑。虹膜浅蓝色或红色，喙基部青绿色而尖端米黄色，脚红色。

分布

国内见于四川、西藏、云南、广西。国外见于缅甸、泰国、越南、老挝、印度尼西亚等地。

国家重点保护野生动物

二级

IUCN 红色名录

LC

CITES 附录

未列入

雄

红翅绿鸠

Treron sieboldii

鸟纲 / 鸽形目 / 鸠鸽科

形态特征

体长21-33厘米。腹部近白色，腹部两侧及尾下覆羽具灰斑。雄鸟翼覆羽绛紫色，上背偏灰色，头顶橘黄色；雌鸟通体绿色，眼周裸皮偏蓝色。虹膜红色，喙偏蓝色，脚红色。

分布

国内见于西南山地和东部沿海，偶有记录见于河北。国外见于日本及东南亚东北部。

 国家重点保护野生动物 二级

 IUCN 红色名录 LC

 CITES 附录 未列入

雄

红顶绿鸠

Treron formosae

鸟纲 / 鸽形目 / 鸠鸽科

形态特征

体长33-35厘米。肩斑褐色，臀及尾下覆羽具绿色及白色鳞状斑。雄鸟胸绿色，喉黄色，顶冠橘黄色，与楔尾绿鸠区别在于上背灰绿色，尾部斑纹不同，眼周裸皮蓝色。虹膜橙褐色，喙蓝色，脚红色。

分布

国内分布于台湾南部和兰屿岛。国外见于琉球群岛和菲律宾。

 国家重点保护野生动物 二级

 IUCN 红色名录 NT

 CITES 附录 未列入

雄

黑颏果鸠

Ptilinopus leclancheri

鸟纲 / 鸽形目 / 鸠鸽科

雄

形态特征

体长26-28厘米。体小，头白色，颏黑色，胸部有紫色横带，头、胸部图案独特，下胸至腹部由灰绿色渐变至乳白色，上体绿色，飞羽黑色，尾下覆羽浅褐色。雌鸟头无白色但具胸带。幼鸟同雌鸟但无胸带。虹膜红色，喙黄色，蜡膜红色及黄色，脚粉红色。

分布

国内分布于台湾。国外见于菲律宾。

国家重点保护野生动物
二级

IUCN
红色名录
LC

CITES
附录
未列入

雄

绿皇鸠

Ducula aenea

鸟纲 / 鸽形目 / 鸠鸽科

形态特征

体长42-45厘米。体大，头部、颈及下体浅粉灰色，尾下覆羽栗色，上体深绿色并具亮铜色。虹膜红褐色，喙蓝灰色，脚深红色。

分布

国内分布于云南南部、广东、海南。国外见于印度至东南亚。

国家重点保护野生动物
二级

IUCN
红色名录
NT

CITES
附录
未列入

山皇鸠

Ducula badia

鸟纲 / 鸽形目 / 鸠鸽科

形态特征

体长43-51厘米。体大，头部、颈部、胸灰色，腹部灰色沾棕红色，颏部及喉白色，上背及翼覆羽深紫色，背及腰深灰褐色，尾黑褐色，具宽大的浅灰色端带，尾下覆羽皮黄色。虹膜白色、灰色或红色，喙绯红色而端白色，脚绯红色。

分布

国内常见于西藏东南部、云南、海南、广西。国外见于印度及东南亚。

国家重点保护野生动物
二级

IUCN
红色名录
LC

CITES
附录
未列入

黑腹沙鸡

Pterocles orientalis

鸟纲 / 沙鸡目 / 沙鸡科

形态特征

体长30-35厘米。体沙褐色而多彩，中央尾羽不甚延长。雄鸟头部、颈部及喉部灰色，颈侧及下脸具栗色块斑，翼上多具黑色及黄褐色粗横纹。雌鸟色浅，黑色点斑较多。两性下胸及腹部均黑色，胸具皮黄色胸带，其上为纯黑色的项纹。虹膜褐色，喙绿灰色，脚绿灰色。

分布

国内见于新疆。国外分布于西班牙、印度、阿富汗、哈萨克斯坦，以及北非、西亚。

国家重点保护野生动物
二级

IUCN 红色名录
LC

CITES 附录
未列入

雌

雄

雄

黑顶蛙口夜鹰

Batrachostomus hodgsoni

鸟纲 / 夜鹰目 / 蛙口夜鹰科

形态特征

体长22-27厘米。喙形宽阔且厚，上喙弯曲，尖端具钩，喙基部具长的须状羽。后颈有白色领环。尾长而凸。雄鸟具短白眉纹，周身呈黑褐色、棕红色和白色斑驳状。雌鸟上体偏棕色，喉偏白色。胸部和肩部具大型白斑。虹膜橙黄色，喙角质黄色，脚肉色。

分布

国内在云南有记录。国外分布于印度、孟加拉国及中南半岛等。

国家重点保护野生动物 二级

IUCN红色名录 LC

CITES附录 未列入

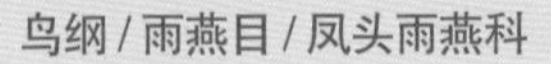

凤头雨燕

Hemiprocne coronata

鸟纲 / 雨燕目 / 凤头雨燕科

雄

形态特征

体长23-25厘米。长尾似家燕的灰色雨燕，两翼长且弯曲，有显著的凤头。雄鸟脸侧及耳羽有棕色块斑，具黑色眼罩，上体深灰色，下体灰色。亚成鸟多褐色，凤头极小，上多具白色及深褐色鳞纹。虹膜褐色，喙黑色，脚红色。

分布

国内见于西藏东南部、云南西部和南部。国外见于印度次大陆及东南亚。

雌

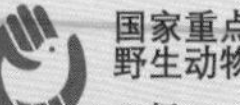

国家重点保护野生动物 二级

IUCN红色名录 LC

CITES附录 未列入

爪哇金丝燕

Aerodramus fuciphagus

鸟纲 / 雨燕目 / 雨燕科

形态特征

体长11.5-12.5厘米。上身黑褐色，下身灰褐色，腰部略浅。尾尖短钝，又略微分叉，两翼狭长但尖端较钝。喙和脚均为黑色。

分布

国内主要繁殖于海南，有记录于东部沿海。国外分布于印度尼西亚、菲律宾、越南、泰国等地。

国家重点保护野生动物
二级

IUCN 红色名录
LC

CITES 附录
未列入

灰喉针尾雨燕

Hirundapus cochinchinensis

鸟纲 / 雨燕目 / 雨燕科

形态特征

体长20-22厘米。喉部偏灰色且三级飞羽无白色块斑，眼线无白色，背上的马鞍形斑、腰及略显短钝的针尾浅褐色，尾下覆羽白色。虹膜深褐色，喙黑色，脚暗紫色。

分布

国内繁殖于台湾和海南，亦见于西藏东南部、云南西北部和东南部、南沙群岛。国外分布于印度及东南亚。

国家重点保护野生动物
二级

IUCN 红色名录
LC

CITES 附录
未列入

褐翅鸦鹃

Centropus sinensis

鸟纲 / 鹃形目 / 杜鹃科

形态特征

体长47-56厘米。体大而粗壮，尾较长。成鸟体羽全黑色而具光泽，仅上背、翼及翼覆羽为栗红色。幼鸟体羽黑灰色，缺少光泽，翼上密布黑色横纹。虹膜红色，喙黑色，脚黑色。

分布

国内分布于南方各省区。国外见于印度至东南亚。

 国家重点保护野生动物 二级

 IUCN红色名录 LC

 CITES附录 未列入

小鸦鹃

Centropus bengalensis

鸟纲 / 鹃形目 / 杜鹃科

形态特征

体长34-38厘米。成鸟似褐翅鸦鹃，但体型较小，也较少光泽，上背及两翼的栗色较浅且现黑色。亚成鸟体羽褐色，而具浅色羽轴，形成条纹。虹膜红色，喙黑色，脚黑色。

分布

国内常见于华东、华中至华南、西南。国外分布于印度及东南亚。

国家重点保护野生动物
二级

IUCN
红色名录
LC

CITES
附录
未列入

大鸨

Otis tarda

鸟纲 / 鸨形目 / 鸨科

形态特征

雄鸟体长90-105厘米，雌鸟体长75-85厘米。体大，颈长、腿长而头显得小，雄鸟比雌鸟体型大很多，头颈部浅灰色，下体至尾下覆羽白色，颈背至背棕褐色而带明显深棕色、黑色横斑。飞行时翅偏白色，初级飞羽色深，次级飞羽黑色。虹膜黑色，喙青灰色，跗跖灰白色。

分布

国内繁殖于新疆及东北地区，越冬于黄河中下游等地区，最南可见于福建。国外分布于欧洲、非洲西北部至西亚、中亚一带。

国家重点保护野生动物
一级

IUCN 红色名录
VU

CITES 附录
附录Ⅱ

非繁殖羽

繁殖羽

繁殖羽

波斑鸨

Chlamydotis macqueenii

鸟纲 / 鸨形目 / 鸨科

形态特征

体长55-65厘米。比大鸨略小，颈长、脚长而头显得小，头、颈灰色，背、翅具褐色斑驳，下体偏白色。繁殖季节雄鸟颈侧生长有黑色松软的丝状羽，初级飞羽的羽尖黑色，基部具大型白斑，双翼展开后显示黑色粗大横纹。虹膜金黄色，上喙黑色，下喙黄色，脚棕黄色。

分布

国内见于新疆西部和内蒙古西北部。国外见于中亚和西亚。

国家重点保护野生动物
一级

IUCN 红色名录
VU

CITES 附录
附录 I

小鸨

Tetrax tetrax

鸟纲 / 鸨形目 / 鸨科

形态特征

体长40-45厘米。体小，颈长，脚长，头显黑黄褐色，上体多具杂斑，下体偏白色。繁殖期雄鸟具黑色翎颌，其上的白色条纹于颈前呈“V”字形，下颈基部具另一较宽的白色领环，飞行时两翼几乎全白，仅前4枚初级飞羽多有黑色。飞行时第4枚初级飞羽能发出哨音。虹膜偏黄色，喙角质绿色，脚绿黄色，具三趾。

分布

国内繁殖于新疆天山，迁徙时经我国西北部地区，迷鸟至四川。国外分布于俄罗斯，以及西亚、中亚。

国家重点保护野生动物
一级

IUCN
红色名录
NT

CITES
附录
附录Ⅱ

花田鸡

Coturnicops exquisitus

鸟纲 / 鹤形目 / 秧鸡科

形态特征

体长12-14厘米。体型甚小，上体褐色，具黑色纵纹与白色细小横斑，颏、喉及腹部白色，胸黄褐色，两胁及尾下具深褐色及白色的宽横斑。幼鸟色更深。尾短而上翘。飞行时，白色次级飞羽与黑色初级飞羽明显。虹膜褐色，喙暗黄色，脚黄色。

分布

国内繁殖于东北地区，越冬于长江中下游及其以南地区。国外分布于俄罗斯、蒙古、朝鲜半岛、日本。

国家重点保护野生动物
二级

IUCN红色名录
VU

CITES附录
未列入

长脚秧鸡

Crex crex

鸟纲 / 鹤形目 / 秧鸡科

形态特征

体长24-27厘米。喙短而脚长，黄褐色斑驳，上体灰褐色，羽干黑色呈粗大纵纹，翼覆羽褐色而有浅色边缘，飞羽褐色，眉宽呈灰色，过眼纹棕色，颏偏白色，喉及胸近灰色，两胁及尾下具栗色和黑白色横斑，飞行时可见锈褐色的长翼，振翅缓慢，双腿下悬，为明显辨识特征。虹膜褐色，喙黄褐色，脚暗黄色。

分布

国内罕见繁殖于新疆西部，冬季偶见于西南地区。国外见于古北界西部至中亚及俄罗斯，迁徙至非洲。

国家重点保护野生动物
二级

IUCN红色名录
LC

CITES附录
未列入

棕背田鸡

Zapornia bicolor

鸟纲 / 鹤形目 / 秧鸡科

形态特征

体长19-25厘米。中等体型，喙短而脚长，头颈深烟灰色，上体余部棕褐色，颏白色，尾近黑色，下体余部深灰色。雄雌同色。虹膜红色，喙偏绿色，喙基红色，脚红色。

分布

国内分布于西藏东南部、云南、四川南部、广西、广东、贵州东部。国外见于印度、不丹、缅甸、泰国、越南等地。

国家重点保护野生动物
二级

IUCN 红色名录
LC

CITES 附录
未列入

姬田鸡

Zapornia parva

鸟纲 / 鹤形目 / 秧鸡科

形态特征

体长17-19厘米。体小，喙短而脚长，雄鸟上体褐色，下体灰色而具稀疏的白色点斑。雌鸟下体皮黄色而非灰色，脸、颏及喉偏白色。幼鸟上体白色点斑为实心而非圆圈状。虹膜红色，喙偏绿色，喙基红色，脚偏绿色。

分布

国内见于新疆。国外繁殖于古北界的西部至中亚，越冬于非洲、西亚、南亚。

国家重点保护野生动物
二级

IUCN
红色名录
LC

CITES
附录
未列入

斑胁田鸡

Zapornia paykullii

鸟纲 / 鹤形目 / 秧鸡科

形态特征

体长22-27厘米。喙短而脚长，腿红色，头顶及上体深褐色，颏白色，头侧及胸栗红色，两胁及尾下覆羽近黑色并具白色细横纹，翼上具黑白色横斑，飞羽无白色，枕及颈部深色。幼鸟褐色。虹膜红色，喙偏黄色，脚红色。

分布

国内繁殖于华北、东北，迁徙时途经华中和华东。国外繁殖于东北亚，冬季南迁至东南亚。

国家重点保护野生动物
二级

IUCN红色名录
NT

CITES附录
未列入

紫水鸡

Porphyrio porphyrio

鸟纲 / 鹤形目 / 秧鸡科

形态特征

体长41-50厘米。体大而粗壮，喙厚重而脚特长，除尾下覆羽为白色外，整个体羽蓝黑色并具紫色及绿色闪光，具一红色额甲。虹膜红色，喙红色，脚红色。

分布

见于古北界至非洲、东亚、大洋洲。国内分布于云南、四川、贵州，以及长江中游和华南沿海。

国家重点保护野生动物
二级

IUCN
红色名录
LC

CITES
附录
未列入

白鹤

Grus leucogeranus

鸟纲 / 鹤形目 / 鹤科

形态特征

体长125-140厘米。全身白色为主，脸上裸皮猩红色，腿粉红色，初级飞羽黑色，展翅时才可见。幼鸟体羽染金棕色。虹膜黄色，喙橘黄色，脚粉红色。

分布

国内主要越冬于江西鄱阳湖，迁徙经由东北和华北等地。国外繁殖于俄罗斯的东南部和西伯利亚。

国家重点保护野生动物
一级

IUCN
红色名录
CR

CITES
附录
附录 I

沙丘鹤

Grus canadensis

鸟纲 / 鹤形目 / 鹤科

形态特征

体长95-120厘米。体型较小，体羽为灰色，头颈色较浅，身体后部有时染浅褐黄色，脸偏白色，额及顶冠红色，展翅时显露深灰色的飞羽。虹膜黄色，喙灰色，脚灰色。

分布

国内偶见于东部地区。国外繁殖于北美洲、西伯利亚东部，在美国南方越冬。

 国家重点保护野生动物 二级

 IUCN红色名录 LC

  CITES附录 附录Ⅱ

白枕鹤

Grus vipio

鸟纲 / 鹤形目 / 鹤科

形态特征

体长120-153厘米。体型较大，灰白相间，脸侧裸皮红色，边缘黑色，耳羽灰黑色，喉及颈背白色，胸和颈前呈灰色，初级飞羽、次级飞羽近黑色，基部色较浅，体羽余部为不同程度的灰色。幼鸟头部裸皮不显著，体羽染棕黄色。虹膜黄色，喙黄色，脚绯红色。

分布

国内在东北、西北繁殖，主要越冬于长江下游。国外分布于西伯利亚、蒙古北部，在朝鲜半岛、日本越冬。

国家重点保护野生动物
一级

IUCN
红色名录
VU

CITES
附录
附录 I

赤颈鹤

Grus antigone

鸟纲 / 鹤形目 / 鹤科

形态特征

体长152-176厘米。体大，周身灰白色，头顶灰绿色，头侧、喉及上颈橙红色。初级飞羽及初级覆羽黑色。虹膜橙黄色，喙绿褐色，脚红色。

分布

国内曾经在云南有记录。国外见于印度、孟加拉国、澳大利亚东北部、缅甸、柬埔寨、老挝、泰国。

国家重点保护野生动物
一级

IUCN红色名录
VU

CITES附录
附录Ⅱ

蓑羽鹤

Grus virgo

鸟纲 / 鹤形目 / 鹤科

形态特征

体长90-100厘米。颈长，脚长而喙短。成鸟头顶白色，白色耳羽呈丝状延长成簇，头、颈色黑，黑色胸羽延长并下垂如丝，三级飞羽亦延长呈丝带状，末端灰色较深。虹膜雄鸟红色，雌鸟橘黄色，喙黄绿色，脚黑色。

分布

国内繁殖于东北和西北地区，迁徙时经过中西部、西南部地区。国外分布于古北界的东南部至中亚和北非，越冬在南亚。

国家重点保护野生动物
二级

IUCN 红色名录
LC

CITES 附录
附录II

丹顶鹤

Grus japonensis

鸟纲 / 鹤形目 / 鹤科

形态特征

体长138–152厘米。颈部细长，裸出的头顶红色，眼先、脸颊、喉及颈侧黑色，有宽白色带自眼后延伸至颈背，体羽余部白色，次级飞羽及三级飞羽黑色。虹膜褐色，喙绿灰色，脚黑色。

分布

国内繁殖于东北地区，越冬见于江苏盐城、山东黄河三角洲等地点。国外繁殖于日本和西伯利亚的东南部，越冬在日本和朝鲜半岛。

国家重点保护野生动物
一级

IUCN
红色名录
VU

CITES
附录
附录 I

灰鹤

Grus grus

鸟纲 / 鹤形目 / 鹤科

形态特征

体长95-125厘米。头顶前部、后部黑色，中心红色，头及颈青灰色或黑色，自眼后有1道宽的白色条纹伸至颈背，体羽余部灰色，背部、覆羽及三级飞羽略沾褐色，初级飞羽与次级飞羽均呈深灰色。幼鸟头部和颈前部为浅棕黄色。虹膜褐色，喙污绿色，喙端偏黄色，脚黑色。

分布

国内繁殖于东北和西北地区，冬季南迁至华北至华中、西南地区。国外主要分布于古北界。

国家重点保护野生动物
二级

IUCN 红色名录
LC

CITES 附录
附录II

白头鹤

Grus monacha

鸟纲 / 鹤形目 / 鹤科

形态特征

体长91-100厘米。头颈白色，顶冠前端和末端黑色而中央红色。余部为均一的深灰色。幼鸟和亚成鸟头部、颈部为皮黄色，眼斑黑色。虹膜黄红色，喙偏绿色，脚近黑色。

分布

国内繁殖于东北，在长江中下游越冬。国外繁殖于西伯利亚北部，在朝鲜半岛和日本南部越冬。

国家重点保护野生动物
一级

IUCN
红色名录
VU

CITES
附录
附录 I

黑颈鹤

Grus nigricollis

鸟纲 / 鹤形目 / 鹤科

形态特征

体长115厘米。头、喉及颈部黑色，仅有一白色块斑从眼下延伸至眼后，头顶红色，尾、初级飞羽及三级飞羽黑色。幼鸟头部和颈前部偏灰色，面部色浅。虹膜黄色，喙角质灰色或绿色，脚黑色。

分布

国内繁殖于青藏高原，包括西藏、青海、四川西部和甘肃南部，越冬于贵州草海、云南昭通、西藏的雅鲁藏布江中游河谷等地。国外少量见于不丹、印度东北部及中南半岛北部。

国家重点保护野生动物
一级

IUCN 红色名录
NT

CITES 附录
附录 I

大石鸻

Esacus recurvirostris

鸟纲 / 鸻形目 / 石鸻科

形态特征

体长53-57厘米。头大、喙粗厚而微向上翘的鸻类。头上具黑白色斑，翼上具黑白色粗横纹，飞行时初级飞羽和次级飞羽黑色并具白色粗斑纹。虹膜黄色，喙黑色，喙基部有黄色斑，脚暗黄色。

分布

国内曾经在香港、海南、云南西南部和南部有过记录。国外见于巴基斯坦南部、印度、斯里兰卡、缅甸，越冬于东南亚。

国家重点保护野生动物
二级

IUCN 红色名录
NT

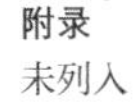

CITES 附录
未列入

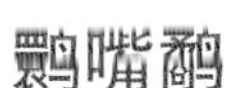

鹮嘴鹬

Ibidorhyncha struthersii

鸟纲 / 鸻形目 / 鹮嘴鹬科

形态特征

体长39-41厘米。红色的长喙下弯，腿略短，头颈灰色，顶冠、脸至喉部黑色。胸带黑色。上体余部褐色，下体白色。飞行时初级飞羽与上体余部色彩对比不明显，内侧几枚基部白色，翼下白色。

分布

国内分布于东北、华北至西南地区。国外分布于中亚、南亚。

国家重点保护野生动物
二级

IUCN 红色名录
LC

CITES 附录
未列入

黄颊麦鸡

Vanellus gregarius

鸟纲 / 鸻形目 / 鸻科

形态特征

体长27-30厘米。整体沙褐色，喙及腿黑色。黑色顶冠与黑色眼线间具宽阔的白眉纹。繁殖羽腹部中央变为黑色及栗色，非繁殖羽腹部白色。飞行时翼外侧黑色、内侧褐色而后缘白色，脚伸出于尾后。

分布

国内仅有繁殖于新疆的历史记录，近年有一只迷鸟至河北乐亭快乐岛。国外繁殖于中亚和西伯利亚西南部，越冬于非洲东北部至南亚。

 国家重点保护野生动物 二级

 IUCN红色名录 CR

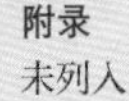 CITES附录 未列入

水雉

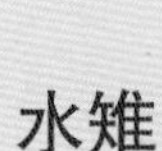

Hydrophasianus chirurgus

鸟纲 / 鸻形目 / 水雉科

形态特征

体长39-58厘米。颈长、喙短、腿长似秧鸡。趾极长。上体主要为褐色，下体白色。黑色眼线下延至上胸，与褐色顶冠至后颈之间夹有浅黄色带。繁殖羽头脸全白，颈侧黄色面积扩大至颈后且更艳丽，下体变黑色并具黑色延长尾羽。翼覆羽白色面积增大。雌鸟尾羽长于雄鸟。飞行时翼上大部白色，翼尖黑色，长腿伸至尾后，略纤细。

分布

国内分布于南方大部和华东北部。国外分布于南亚、东南亚。

 国家重点保护野生动物 二级

 IUCN红色名录 LC

 CITES附录 未列入

铜翅水雉

Metopidius indicus

鸟纲 / 鸻形目 / 水雉科

形态特征

体长28-31厘米。身形似水雉但身体后部轮廓较短，喙更粗厚。上体深褐色，头颈至下体为带紫绿色光泽的黑色。眉纹白色。

分布

国内分布于云南南部和广西。国外见于南亚、东南亚。

国家重点保护野生动物
二级

IUCN
红色名录
LC

CITES
附录
未列入

林沙锥

国家重点保护野生动物
二级

IUCN
红色名录
VU

CITES
附录
未列入

Gallinago nemoricola

鸟纲 / 鸻形目 / 鹬科

形态特征

体长28-32厘米。胸部无暖姜黄色，上体褐色很暗，下体横斑覆盖范围更大，由肋部延展至腹部中央。尾羽18枚，外侧几枚较窄。飞行缓慢，脚伸出于尾后，喙朝下；翼后缘无白色。

分布

国内繁殖于喜马拉雅山脉至四川西部和甘肃南部，越冬于西藏和云南。国外越冬至印度及东南亚。

半蹼鹬

Limnodromus semipalmatus

鸟纲 / 鸻形目 / 鹬科

形态特征

体长33-36厘米。体型中等，腿长。黑色的喙长而直，喙端膨大。飞行时翼下色浅，腰至尾有暗色横斑。繁殖羽头颈至下腹部锈红色。

分布

国内繁殖于东北地区，迁徙经东部沿海。国外繁殖于蒙古和俄罗斯，至南亚、东南亚及澳大利亚越冬。

国家重点保护野生动物
二级

IUCN红色名录
NT

CITES附录
未列入

小杓鹬

Numenius minutus

鸟纲 / 鸻形目 / 鹬科

形态特征

体长28-34厘米。喙明显较短而细，且仅在前端明显下弯。具浅色顶冠纹及深褐色侧冠纹。飞行时腰及背褐色，无白色楔形，但需注意此部位在飞行时从侧面并不易看到，应持续跟踪直至可从侧后方观察。

分布

国内迁徙期见于大多数省区。国外繁殖于西伯利亚，越冬于巴布亚新几内亚和澳大利亚。

国家重点保护野生动物
二级

IUCN
红色名录
LC

CITES
附录
未列入

白腰杓鹬

Numenius arquata

鸟纲 / 鸻形目 / 鹬科

形态特征

体长57-63厘米。喙长且粗壮，下弯。体羽偏灰白色，下腹至尾下偏白色，胁部纵纹向后逐渐变稀疏，几乎不至尾下。飞行时翼下白色。上述特征均易受光线及距离影响而难以应用。与大杓鹬最可靠的区别为腰及背具白色楔形，但需注意此部位在飞行时从侧面并不易看到，应持续跟踪直至可从侧后方观察。

分布

国内繁殖于新疆、黑龙江等地，迁徙时途经大部分地区。国外繁殖于西欧至西伯利亚，越冬于冰岛至非洲北部、亚洲南部。

国家重点保护野生动物
二级

IUCN 红色名录
NT

CITES 附录
未列入

大杓鹬

Numenius madagascariensis

鸟纲 / 鸻形目 / 鹬科

形态特征

体长53-66厘米。体羽偏暖褐色及皮黄色，下腹至尾下与身体余部色彩相近，胁部纵纹向后延展至尾下。飞行时翼下具暗色斑纹。上述特征均易受光线及距离影响而难以应用。与白腰杓鹬最可靠的区别为腰及背与身体余部色彩相近，但需注意此部位在飞行时从侧面并不易看到，应持续跟踪直至可从侧后方观察。

分布

国内繁殖于黑龙江，迁徙经过东部。国外繁殖于俄罗斯，在亚洲南部及澳大利亚等地越冬。

国家重点保护野生动物
二级

IUCN 红色名录
EN

CITES 附录
未列入

小青脚鹬

Tringa guttifer

鸟纲 / 鸻形目 / 鹬科

形态特征

体长29-32厘米。腿部实为黄色而非青色，喙基部略偏黄色。飞行时脚突出尾后不明显。翼下白色。腰至上背白色楔形，尾不具明显横斑。非繁殖羽上体浅灰色，在特定光线下整体显白。上体羽缘仅具浅色而无深色斑，因而整体显平淡。完全繁殖羽时胸前黑色呈点斑而非纵纹。前三趾间具蹼。

分布

国内迁徙期间见于东部沿海。国外繁殖于俄罗斯，迁徙经日本、朝鲜半岛至东南亚、南亚越冬。

国家重点保护野生动物
一级

IUCN
红色名录
EN

CITES
附录
附录 I

青脚鹬（左）小青脚鹬（右）

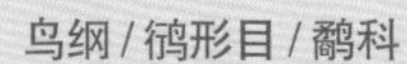

翻石鹬

Arenaria interpres

鸟纲 / 鸻形目 / 鹬科

形态特征

体长21-26厘米。黑色的喙短而粗壮，呈楔状。腿短，橙红色。各羽色均具黑色胸带。飞行时上体具多道白色，尾羽基部白色，与上体余部及尾羽的黑色次端斑成对比。

分布

国内迁徙时见于大部分地区，越冬于南方沿海。国外分布于除南极洲外的各个大陆。

国家重点保护野生动物
二级

IUCN红色名录
LC

CITES附录
未列入

繁殖羽

大滨鹬

Calidris tenuirostris

鸟纲 / 鸻形目 / 鹬科

形态特征

体长26-30厘米。喙较长且直，腿短。繁殖羽胸部具致密的黑色点斑，形成胸带，肩羽红黑相间。飞行时尾上覆羽白色。

分布

国内迁徙时见于沿海地带，少量越冬于南方沿海地区。国外繁殖于西伯利亚，越冬于亚洲南部与澳大利西亚。

国家重点保护野生动物
二级

IUCN
红色名录
EN

CITES
附录
未列入

第一冬羽

繁殖羽

勺嘴鹬

Calidris pygmaea

鸟纲 / 鸻形目 / 鹬科

形态特征

体长14-16厘米。喙端部呈扁平的铲状。侧面看时，喙端铲状几乎不可见而略显上翘。

分布

国内迁徙时经过大部分沿海地区，越冬于浙江以南的沿海省份。国外繁殖于俄罗斯，迁徙经日本、朝鲜半岛至东南亚、南亚越冬。

国家重点保护野生动物
一级

IUCN 红色名录
CR

CITES 附录
未列入

阔嘴鹬

Calidris falcinellus

鸟纲 / 鸻形目 / 鹬科

形态特征

体长15-18厘米。喙略长，在近端部突然向下弯折。腿短，站姿低矮。头顶具深浅相间的“西瓜皮”纹样。非繁殖羽上体浅灰色。

分布

国内迁徙时见于新疆、青海及东部地区，少量越冬于南方。国外繁殖于斯堪的纳维亚半岛至俄罗斯，越冬于非洲、南亚、东南亚及澳大利西亚。

国家重点保护野生动物
二级

IUCN红色名录
LC

CITES附录
未列入

亚成鸟

繁殖羽

亚成鸟

灰燕鸻

Glareola lactea

鸟纲 / 鸻形目 / 燕鸻科

形态特征

体长15.5-19厘米。上体为浅灰色。尾叉不深。飞行时翼下覆羽黑色，翼下及翼上具宽的白色翼带。腰至尾白色，尾中央近端部黑色。

分布

国内繁殖于西藏东南部、云南南部和西南部。国外繁殖于印度次大陆至东南亚。

国家重点保护野生动物
二级

IUCN
红色名录
LC

CITES
附录
未列入

黑嘴鸥

Saundersilarus saundersi

鸟纲 / 鸻形目 / 鸥科

形态特征

体长30-33厘米。喙较短粗且为黑色，飞行时可见初级飞羽末端白色，而近末端则为黑色，停歇时可见黑色的飞羽中夹杂白斑。虹膜褐色，喙黑色，脚深红色。繁殖期具黑色头罩。

分布

国内主要在辽宁、山东、江苏等东部沿海繁殖，越冬于渤海湾、华东、华南及台湾。国外越冬于朝鲜半岛、日本、越南的沿海。

国家重点保护野生动物
一级

IUCN 红色名录
VU

CITES 附录
未列入

小鸥

Hydrocoloeus minutus

鸟纲 / 鸻形目 / 鸥科

形态特征

体长24-30厘米。成鸟繁殖期头部黑色，胸部略沾粉色，背及翅上铅灰色，飞行时翼下大部灰黑色，仅后缘白色；非繁殖期头顶、眼周及耳后具灰黑色斑。虹膜深褐色，喙深红色，脚红色。

分布

国内繁殖于新疆北部和内蒙古东北部，在青海、四川盆地、渤海湾、香港和台湾有零星记录。国外在欧亚大陆北部繁殖，冬季迁徙至西欧、地中海及北美东北部越冬。

国家重点保护野生动物
二级

IUCN
红色名录
LC

CITES
附录
未列入

非繁殖羽

亚成鸟

遗鸥

Ichthyaetus relictus

鸟纲 / 鸻形目 / 鸥科

繁殖羽

形态特征

体长38-46厘米。繁殖期具黑色头罩，眼后具月牙形白斑，背及翅上浅铅灰色，下体白色，飞行时翼尖黑色且具白色翼镜；非繁殖期耳后具深色斑，头顶及颈部具暗色纵纹。虹膜褐色，喙红色，脚红色。

分布

国内繁殖于内蒙古、陕西、河北，主要在黄渤海地区越冬。国外繁殖于蒙古高原及周边地区。

国家重点保护野生动物
一级

IUCN 红色名录
VU

CITES 附录
附录 I

第一冬羽

繁殖羽

大凤头燕鸥

Thalasseus bergii

鸟纲 / 鸻形目 / 鸥科

形态特征

体长45-53厘米。具有羽冠，上下体色对比明显，喙黄绿色而不同于其他所有燕鸥。繁殖期头顶及冠羽黑色，非繁殖期头顶白色，而冠羽具灰色杂斑，繁殖期至非繁殖期过渡期间深色部分出现白色杂斑，背及两翼灰色，下体白色。幼鸟灰色较成鸟更深，且具褐色及白色杂斑，尾灰色。虹膜褐色，喙绿黄色，脚黑色。

分布

国内繁殖于华南和东南沿海，包括台湾和海南，也常见于南海。国外分布遍及印度洋沿岸及岛屿、波斯湾、太平洋热带海域、澳大利亚、非洲南部沿海。

国家重点保护野生动物
二级

IUCN 红色名录
LC

CITES 附录
未列入

中华凤头燕鸥

Thalasseus bernsteini

鸟纲 / 鸻形目 / 鸥科

形态特征

体长38-43厘米。上体浅灰色，成鸟繁殖期顶冠全黑色，非繁殖期额白，顶冠黑色而具白色顶纹，使枕部成"U"字形黑色斑块。亚成鸟背及尾近白色而具褐色杂斑。虹膜褐色，喙黄色而前端黑色，脚黑色。

分布

国内在浙江、台湾的沿海岛屿繁殖，迁徙期间在山东、江苏、福建、广东可见。国外冬季南迁至南海、菲律宾并偶至北加里曼丹岛。

国家重点保护野生动物
一级

IUCN
红色名录
CR

CITES
附录
未列入

《国家重点保护野生动物名录》备注：原名"黑嘴端凤头燕鸥"

河燕鸥

Sterna aurantia

鸟纲 / 鸻形目 / 鸥科

繁殖羽

形态特征

体长38-46厘米。头顶黑色而全身灰白色，尾深叉而形长，上体、腰及尾深灰色，翼尖近黑色，外侧尾羽白色。越冬成鸟喙端黑色，额及头顶偏白色。幼鸟同冬季成鸟，但头顶及上体褐色，胸两侧沾灰色，似黑腹燕鸥，但体型大许多，且下体白色。虹膜褐色，喙大且深黄色，脚红色。

分布

国内边缘性分布于云南西部和西南部。国外繁殖于伊朗向东至印度及东南亚。

繁殖羽

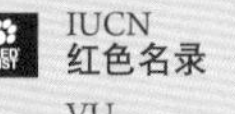

国家重点保护野生动物

一级

IUCN 红色名录

VU

CITES 附录

未列入

《国家重点保护野生动物名录》备注：原名“黄嘴河燕鸥”

繁殖羽

黑腹燕鸥

Sterna acuticauda

鸟纲 / 鸻形目 / 鸥科

繁殖羽

繁殖羽

形态特征

体长28-33厘米。尾深开叉，成鸟繁殖期头顶黑色，上体、腰及尾浅灰色，下体白色，腹部具特征性黑色块斑；非繁殖期喙端黑色，额具白色杂斑，腹部黑色块缩小或消失。虹膜深褐色，喙鲜艳橙红色，脚橙红色。

分布

国内边缘性见于云南西南部盈江地区。国外分布于缅甸、泰国及南亚。

国家重点保护野生动物
二级

IUCN红色名录
EN

CITES附录
未列入

黑浮鸥

Chlidonias niger

鸟纲 / 鸻形目 / 鸥科

繁殖羽

形态特征

体长22-26厘米。繁殖期成鸟喙黑色，翼下白色，两翼及腿部的灰色较深。冬季成鸟头及胸部的黑色消失，但头顶仍有黑色延伸至眼后，眼先具黑色小点，飞行时胸侧具一小块黑斑。虹膜褐色，喙黑色，脚暗红色。

分布

国内繁殖于新疆西北部地区，东部地区曾有迷鸟记录。国外繁殖于北美洲、欧洲至里海及俄罗斯中部。越冬于中北美洲、南非、西非。

国家重点保护野生动物
二级

IUCN红色名录
LC

CITES附录
未列入

冠海雀

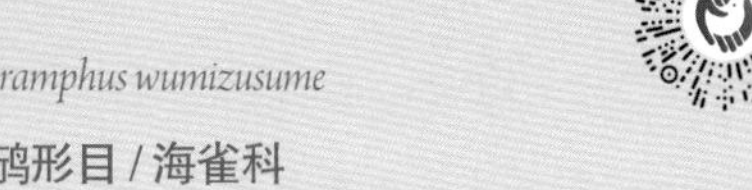

Synthliboramphus wumizusume

鸟纲 / 鸻形目 / 海雀科

形态特征

体长24-26厘米。体圆胖，喙极短，额、头顶及颈背青黑色，颊及上喉灰色，头侧有白色条纹延至上枕部相交，上体灰黑色，下体近白色，两胁灰黑色。夏季具黑色尖形的凤头。虹膜褐黑色，喙灰白色，脚黄灰色。

分布

国内偶见于东海海域。国外分布于日本及其附近海域。

国家重点保护野生动物 二级

IUCN红色名录 VU

CITES附录 未列入

黑脚信天翁

Phoebastria nigripes

鸟纲 / 鹱形目 / 信天翁科

形态特征

体长68-83厘米。翅狭长，为典型信天翁科的特征。通体几乎暗褐色，但是腹部颜色偏灰，尤其腹部中央的颜色更浅。在喙周围、过眼纹、颊前部和颏部白色，其余脸部区域相比身体整体偏灰。尾羽黑色较深，尾下覆羽白色。幼鸟上体黑褐色但是比成鸟较浅，在成鸟的白色区域灰色，如头侧、喉和颏部。虹膜褐色，喙黑褐色，脚黑色。

分布

国内分布于台湾外围海域。国外繁殖于太平洋中岛屿，非繁殖期在太平洋游荡。

国家重点保护野生动物 一级

IUCN红色名录 NT

CITES附录 未列入

短尾信天翁

Phoebastria albatrus

鸟纲 / 鹱形目 / 信天翁科

形态特征

体长84-100厘米。翅狭长，翅展可达2米，身体粗壮。成鸟通体几乎纯白色，仅在头顶和枕部沾有橙黄色。在翅膀上，肩部和尾部具有灰褐色的区域。尾相对于身体的比例较短。本种成鸟几乎不会与其他种类混淆。幼鸟上体黑褐色似黑脚信天翁，但是体型明显大于后者，且喙浅粉色，脚偏蓝色。虹膜褐色，喙粉红色，端部浅蓝色，脚蓝灰色。

分布

国内见于福建和山东沿海、台湾外围海域及钓鱼岛。国外繁殖于太平洋中岛屿，非繁殖期在太平洋内游荡。

国家重点保护野生动物
一级

IUCN 红色名录
VU

CITES 附录
附录 I

彩鹳

Mycteria leucocephala

鸟纲 / 鹳形目 / 鹳科

形态特征

体长93-102厘米。头部具红色的裸皮，飞羽黑色，翼上覆羽具一较宽的白带及若干很窄的白色带，背羽繁殖期沾粉红色，下腹部黑色，余部白色。虹膜褐色，喙橘红色，脚粉红色。

分布

国内近年在贵州、广东有记录。国外分布于印度次大陆和中南半岛。

国家重点保护野生动物
一级

IUCN 红色名录
NT

CITES 附录
未列入

黑鹳

Ciconia nigra

鸟纲 / 鹳形目 / 鹳科

形态特征

体长100-120厘米。通体黑色，仅胸部、腹部、翼下三级飞羽和次级飞羽内侧白色，黑色的羽毛具有金属光泽，亚成鸟的上体褐色而非黑色。虹膜褐色，眼周裸皮红色，喙红色，脚红色。

分布

国内分布于东北、西北、华北、西南等大部分地区，冬季在西南、长江下游和华南地区越冬。国外繁殖于欧亚大陆北部，越冬在印度及北非。

国家重点保护野生动物
一级

IUCN
红色名录
LC

CITES
附录
附录Ⅱ

白鹳

Ciconia ciconia

鸟纲 / 鹳形目 / 鹳科

形态特征

体长100-115厘米。体型小于东方白鹳，体羽几乎白色或者污白色，颈下有白色蓑状羽毛，飞羽黑色。虹膜褐色，眼周裸皮，喙红色，脚红色。

分布

国内曾在新疆有记录，但多年未见。国外繁殖于欧洲、中亚和北非。越冬于非洲、印度次大陆及伊朗。

国家重点保护野生动物
一级

IUCN红色名录
LC

CITES附录
未列入

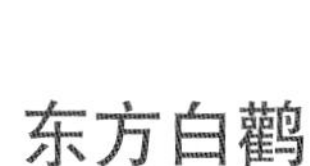

东方白鹳

国家重点保护野生动物
一级

IUCN红色名录
EN

CITES附录
附录Ⅰ

Ciconia boyciana

鸟纲 / 鹳形目 / 鹳科

形态特征

体长110-115厘米。与白鹳羽色类似，但是个体显著较大。虹膜褐色，眼周及喉部裸皮红色，喙黑色，脚红色。

分布

国内繁殖于东北、西北、华北、华中等地区，冬季在长江中下游和东南地区越冬。国外繁殖于俄罗斯东南部、日本及朝鲜半岛。

秃鹳

Leptoptilos javanicus

鸟纲 / 鹳形目 / 鹳科

形态特征

体长110-135厘米。体羽以黑白色为主，上体、翼黑色，下体及翼下三级飞羽和次级飞羽内侧白色，头部至颈部裸出，头部裸出部分粉红色，具稀疏绒羽，颈部黄色，喙十分厚重和粗大。虹膜蓝灰色，喙灰色，脚深褐色。

分布

国内曾分布于江西、云南、重庆、四川、海南，但已多年未见。国外分布于印度次大陆、东南亚地区。

国家重点保护野生动物
二级

IUCN红色名录
VU

CITES附录
未列入

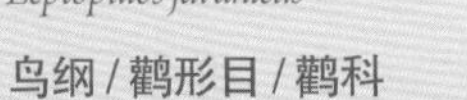

白腹军舰鸟

Fregata andrewsi

鸟纲 / 鲣鸟目 / 军舰鸟科

形态特征

体长89-100厘米。体型显著大于白斑军舰鸟。雌雄异型，雄鸟喉部有鲜艳的红色喉囊以区别雌鸟。雄鸟全身深色仅腹部有一半月形白斑，相比白斑军舰鸟的白斑要大。雌鸟的喙颜色较雄鸟浅，亦全身黑色、腹部白色但是上背肩角处的黑斑在身体两侧延伸出来成“角状”，以区分其他种类的雌鸟。亚成鸟头顶浅褐色，腹部的白色向两翼方向延伸，区别于大军舰鸟。虹膜红色，喙雄鸟青蓝色，雌鸟近粉色，脚成鸟偏红色，幼鸟蓝色。

分布

国内仅在广东沿海、广西、海南、福建、香港有迷鸟记录。国外繁殖于印度洋中的岛屿，非繁殖期可游荡到澳大利亚北部、马六甲海峡、斯里兰卡等地。

国家重点保护野生动物
一级

IUCN
红色名录
VU

CITES
附录
附录 I

黑腹军舰鸟

Fregata minor

鸟纲 / 鲣鸟目 / 军舰鸟科

形态特征

体长80-105厘米。喙长而端带钩，全身深色或带白色，翅异常宽大，外侧尾羽延长而尾成叉形燕尾状。雄鸟几乎全黑色，仅翼上覆羽具浅色横纹，喉囊绯红色。雌鸟眼周裸皮粉红色，颏及喉灰白色。头余部黑褐色，除上胸白色、翼下基部略具白色外，整体黑色。亚成鸟上体深褐色，头、颈及下体灰白沾铁锈色，似白斑军舰鸟，但体型更大，下腹部不如其白色多，翼下基部白色甚少。虹膜褐色，喙雄鸟青蓝色，雌鸟近粉色，脚成鸟偏红色，幼鸟蓝色。

分布

国内在海南附近岛屿、西沙群岛、南沙群岛繁殖，常见于南海，偶见于山东、河北、台湾及华南沿海。国外分布于热带海洋。

国家重点保护野生动物 二级

IUCN 红色名录 LC

CITES 附录 未列入

白斑军舰鸟

Fregata ariel

鸟纲 / 鲣鸟目 / 军舰鸟科

形态特征

体长66-81厘米。羽色较深，翅膀窄长而尖，尾分叉，成鸟腹部两边各有一大白斑。雄鸟喉囊红色。亚成体腹部白色面积大。虹膜褐色，喙灰色，脚红色。

分布

国内繁殖于东海、南海的岛屿上。国外见于南太平洋、西印度洋和大西洋。

国家重点保护野生动物
二级

IUCN 红色名录
LC

CITES 附录
未列入

蓝脸鲣鸟

Sula dactylatra

鸟纲 / 鲣鸟目 / 鲣鸟科

形态特征

体长81-92厘米，在国内3种鲣鸟中体型最大。成鸟体羽以白色为主，飞羽和尾羽黑色，据此与其他鲣鸟相区分。亚成鸟通体烟褐色，具有白色颈环。虹膜金黄色，雄成鸟喙黄色，雌成鸟黄绿色，脚灰色。

分布

国内偶见于浙江、福建、台湾。国外分布于南太平洋和大西洋。

国家重点保护野生动物
二级

IUCN 红色名录
LC

CITES 附录
未列入

红脚鲣鸟

Sula sula

鸟纲 / 鲣鸟目 / 鲣鸟科

形态特征

体长66-77厘米。喙大，呈圆锥形，成鸟全身白色，仅初级飞羽和次级飞羽黑色，尾羽楔形。亚成鸟烟褐色。成鸟喙基裸露皮肤蓝色，喉部粉红色，喙下裸露皮肤黑色。虹膜黑色，喙淡蓝色，脚亮红色。

分布

国内繁殖于南海的岛屿上，迷鸟记录也见于东部沿海甚至内陆。国外分布于南太平洋、印度洋、大西洋。

国家重点保护野生动物
二级

IUCN
红色名录
LC

CITES
附录
未列入

褐鲣鸟

Sula leucogaster

鸟纲 / 鲣鸟目 / 鲣鸟科

形态特征

体长64-74厘米。喙大，呈圆锥形。成鸟上体烟褐色，胸、翅下覆羽和尾下覆羽白色。亚成鸟通体烟褐色。雌鸟喙基和脸部裸露皮肤黄色，雄鸟淡蓝色。虹膜灰色，喙成鸟黄色，亚成鸟灰色，脚黄绿色。

分布

国内繁殖于南海和东海的岛屿上，迷鸟也见于东南沿海甚至内陆。国外分布于南太平洋和大西洋。

 国家重点保护野生动物 二级

 IUCN 红色名录 LC

 CITES 附录 未列入

黑颈鸬鹚

Microcarbo niger

鸟纲 / 鲣鸟目 / 鸬鹚科

形态特征

体长51–56厘米。周身几乎全部黑绿色，繁殖期头两侧、眼上和颈侧具有白色丝状羽，枕后有少量羽冠，非繁殖期白色丝状羽消失，颏部以及喉部白色，繁殖期眼周和喉部裸皮紫色，非繁殖期黑色。虹膜绿色，喙角质褐色，脚黑色。

分布

国内分布于云南、广西。国外见于印度次大陆、中南半岛及印度尼西亚等地。

国家重点保护野生动物

二级

IUCN 红色名录

LC

CITES 附录

未列入

海鸬鹚

Phalacrocorax pelagicus

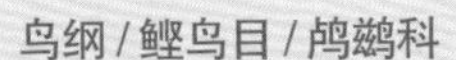

鸟纲 / 鲣鸟目 / 鸬鹚科

形态特征

体长63-76厘米。周身几乎全部黑色，颈部紫色并具金属光泽，繁殖期头顶和枕后各具一束黑色的冠羽，两胁处各具一块白斑，飞行时比较明显，喙比其他鸬鹚细，脸部和眼周的裸皮红色。虹膜绿色，喙黑褐色，脚黑绿色。

分布

国内繁殖于辽东半岛、山东半岛沿海的岛屿上，非繁殖期偶见于东南沿海地区。国外分布于北太平洋沿岸滨海地区。

国家重点保护野生动物
二级

IUCN 红色名录
LC

CITES 附录
未列入

暗绿背鸬鹚（左二右四）海鸬鹚（其余皆是）

黑头白鹮

Threskiornis melanocephalus

鸟纲 / 鹈形目 / 鹮科

形态特征

体长65-76厘米。体羽白色，颈部及脸部裸皮灰黑色，喙长而下弯。虹膜红褐色，喙黑色，脚黑色。

分布

国内曾分布于东部沿海，偶见于四川、云南、西藏。国外分布于南亚、东南亚及日本。

国家重点保护野生动物
一级

IUCN
红色名录
NT

CITES
附录
未列入

《国家重点保护野生动物名录》备注：原名“白鹮”

白肩黑鹮

Pseudibis davisoni

鸟纲 / 鹈形目 / 鹮科

形态特征

体长60-85厘米。体羽为带金属光泽的深灰白色，翅上内侧覆羽白色，形成一列白斑，但有的时候此特征由于角度问题不显著。重要识别特征是头顶和前额的裸皮黑色，枕部到前颈环绕着一圈蓝色的裸皮，前窄后宽。虹膜红褐色，喙深褐色，脚红色。

分布

国内曾分布于云南。国外目前仅分布于柬埔寨东部和北部、老挝、越南南部至加里曼丹岛局部地区。

国家重点保护野生动物
一级

IUCN 红色名录
CR

CITES 附录
未列入

《国家重点保护野生动物名录》备注：原名“黑鹮”

朱鹮

Nipponia nippon

鸟纲 / 鹈形目 / 鹮科

形态特征

体长55-84厘米。体羽非繁殖期为白色沾粉色，繁殖期为灰白色，颈后具饰羽，脸部裸皮红色，喙长而下弯。虹膜黄色，喙黑色，端部红色，脚红色。

分布

国内目前仅分布于陕西，野化放归至河南、浙江、湖南等地。国外历史上曾分布于日本、俄罗斯及朝鲜半岛。

国家重点保护野生动物
一级

IUCN
红色名录
EN

CITES
附录
附录 I

彩鹮

Plegadis falcinellus

鸟纲 / 鹈形目 / 鹮科

形态特征

体长49-66厘米。体羽褐黑色并具金属绿色光泽。虹膜褐色，喙黑色，脚褐色。

分布

国内记录见于东部沿海、长江中下游、西部省区、华北地区。国外分布于除南极洲之外的各个大洲。

国家重点保护野生动物
一级

IUCN 红色名录
LC

CITES 附录
未列入

白琵鹭

Platalea leucorodia

鸟纲 / 鹈形目 / 鹮科

形态特征

体长80-95厘米。喙长而扁平，末端宽阔呈圆铲状，形似琵琶，故而得名。繁殖季枕后具丝状冠羽，胸部有一橙黄色环带饰羽。虹膜黄色，喙黑色，端部黄色，脚黑色。

分布

国内繁殖于内蒙古、新疆及东北，在东南沿海、长江中下游地区越冬。国外繁殖于欧亚大陆北部，在印度及北非越冬。

国家重点保护野生动物
二级

IUCN
红色名录
LC

CITES
附录
附录Ⅱ

黑脸琵鹭

Platalea minor

鸟纲 / 鹈形目 / 鹮科

形态特征

体长66-79厘米。与白琵鹭形态相似，但体型略小，喙基到眼先的裸皮黑色，与深色的眼睛形成一体，而区别于白琵鹭。虹膜黄色，喙黑色，端部黄色，脚黑色。

分布

国内主要繁殖于辽宁旅顺附近的海岛上，在东南沿海地区越冬。国外主要繁殖于朝鲜半岛，越冬在日本、越南、泰国等地。

国家重点保护野生动物
一级

IUCN 红色名录
EN

CITES 附录
未列入

小苇鳽

Ixobrychus minutus

鸟纲 / 鹈形目 / 鹭科

形态特征

体长31-38厘米。体小，雄鸟成鸟身体颜色对比鲜明，头顶、背部、尾部及翅膀黑色，翅上覆羽黄褐色，颈部和胸部黄褐色，腹部白色。雌鸟背部褐色而非黑色，上体和下体皆具纵纹。虹膜橘黄色，喙黄色，脚黄绿色。

分布

国内繁殖于新疆、甘肃、云南中部。国外分布于欧洲、北非、中亚，以及印度、马达加斯加、澳大利亚和新西兰。

国家重点保护野生动物

二级

IUCN 红色名录

LC

CITES 附录

未列入

雄

雄

雌

海南鳽

Gorsachius magnificus

鸟纲 / 鹈形目 / 鹭科

形态特征

体长54-56厘米。成鸟上体、顶冠和头侧斑纹以暗灰褐色为主，颈侧棕红色，脸部有一白色条纹延伸到黑色耳羽上方，下体白色，喉部具有黑褐色的纵纹，胸及体侧亦有栗色斑纹。虹膜黄色，喙黄色，脚黄绿色。

分布

国内分布于华中、华东、华南、西南的多个省区。国外见于越南北部。

国家重点保护野生动物

一级

IUCN 红色名录

EN

CITES 附录

未列入

《国家重点保护野生动物名录》备注：原名“海南虎斑鳽”

栗头鳽

Gorsachius goisagi

鸟纲 / 鹈形目 / 鹭科

形态特征

体长48-49厘米。体型粗壮，成鸟上体、顶冠和颈侧以栗色为主。飞羽灰色但端部栗色，翅上覆羽褐色，翼上具有黑白色的肩斑，下体皮黄色，具有褐色的斑点和纵纹，喉部具有黑褐色的纵纹。虹膜黄色，喙角质褐色，脚暗绿色。

分布

国内越冬于台湾，旅鸟记录见于沿海各省，以及北京、江西。国外主要繁殖于日本、菲律宾等地。

国家重点保护野生动物

二级

IUCN 红色名录

VU

CITES 附录

未列入

黑冠鳽

Gorsachius melanolophus

鸟纲 / 鹈形目 / 鹭科

形态特征

体长47-51厘米。成鸟上体、顶冠和颈侧以红褐色为主，但顶冠和头后冠羽黑色，飞羽黑色具有栗红色端斑，初级飞羽具白色末端斑，飞翔时比较明显但停栖时不易观察，下体棕黄色，具有白色的斑点和纵纹，喉部具有黑褐色的纵纹。虹膜金黄色，喙角质褐色，脚暗绿色。

分布

国内分布于沿海各省及云南。国外分布于亚洲南部和东南部的热带和亚热带地区。

国家重点保护野生动物

二级

IUCN 红色名录

LC

CITES 附录

未列入

白腹鹭

Ardea insignis

鸟纲 / 鹈形目 / 鹭科

形态特征

体长127厘米。上体为较为均一的灰色，仅喉部和冠羽白色，翅膀颜色较上体深，腹部白色为最重要识别特征。虹膜黄色，眼先裸皮繁殖期黄绿色，喙深黄色，下喙和喙基黄色，脚黑色。

分布

国内分布于云南西北部和西藏东南部地区。国外见于不丹、印度，直至缅甸北部。

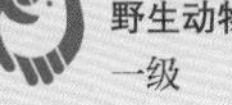

国家重点保护野生动物 一级

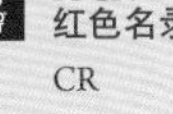

IUCN 红色名录 CR

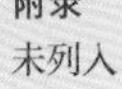

CITES 附录 未列入

岩鹭

Egretta sacra

鸟纲 / 鹈形目 / 鹭科

形态特征

体长58-66厘米。体色多以深灰色为主，亦有少量白色型，枕后可见短的冠羽。本种白色型与其他小型白色鹭类的区别在于体型较大，喙粗壮而长，腿相对较短。虹膜黄色，喙繁殖期黄色，非繁殖期灰黑色，腿黑色，脚趾黄绿色。

分布

国内主要分布于南方沿海各省。国外分布于西太平洋沿海、东南亚至巴布亚新几内亚、澳大利亚、新西兰。

国家重点保护野生动物 二级

IUCN 红色名录 LC

CITES 附录 未列入

黄嘴白鹭

Egretta eulophotes

鸟纲 / 鹈形目 / 鹭科

形态特征

体长65-68厘米。繁殖羽与其他白色鹭类区别比较明显，枕后的冠羽较长，脸部裸皮蓝色，非繁殖羽下喙基部黄色。虹膜黄褐色，喙繁殖期黄色，非繁殖期黑色，下喙基黄色，腿繁殖期黑色，非繁殖期黄绿色，脚趾黄色。

分布

国内繁殖于东部沿海岛屿，曾在香港有繁殖的记录。国外繁殖区北至俄罗斯西伯利亚中东部地区、朝鲜半岛，于东南亚越冬。

国家重点保护野生动物
一级

IUCN
红色名录
VU

CITES
附录
未列入

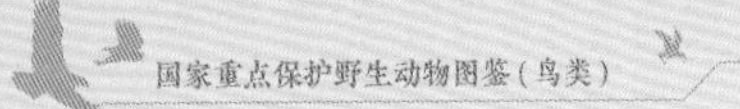

白鹈鹕

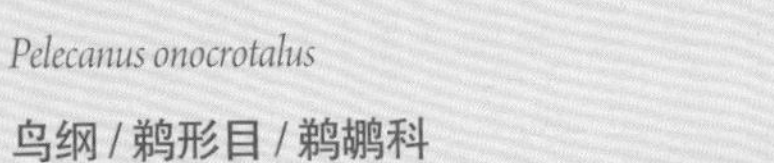

Pelecanus onocrotalus

鸟纲 / 鹈形目 / 鹈鹕科

形态特征

体长140-175厘米。体羽白色，缀有粉色的羽毛，胸部具有橙色的羽簇，枕后具有短的冠羽，初级飞羽和次级飞羽黑色，喉囊黄色，脸部裸皮粉红色。虹膜红色，喙铅蓝色，脚粉红色。

分布

国内迁徙时见于新疆天山、青海湖、四川等地。国外分布于欧洲南部、非洲、亚洲中部及印度西北部。

国家重点保护野生动物
一级

IUCN红色名录
LC

CITES附录
未列入

斑嘴鹈鹕

Pelecanus philippensis

鸟纲 / 鹈形目 / 鹈鹕科

形态特征

体长127-156厘米。周身灰色，两翼色较深，体羽无黑色。喙具排列成行的大块蓝色斑点，喉囊紫色且具黑色云状斑。虹膜浅褐色，眼周裸皮偏粉色，喙粉色，脚褐色。

分布

国内曾有记录见于云南东部，以往东部的历史记录有可能与卷羽鹈鹕混淆。国外主要繁殖于印度、斯里兰卡、缅甸。

国家重点保护野生动物
一级

IUCN红色名录
NT

CITES附录
未列入

卷羽鹈鹕

Pelecanus crispus

鸟纲 / 鹈形目 / 鹈鹕科

形态特征

体长160-183厘米。比白鹈鹕大，体羽白色沾灰色，上体羽毛因具有黑色羽轴，显得更深，冠羽簇比白鹈鹕更长且卷曲，飞羽白色，近翅尖黑色，喉囊橘红色，脸部裸皮粉红色。虹膜黄白色，喙铅灰色，脚灰色。

分布

国内迁徙时经过北方内陆及沿海地区，在长江中下游地区和东南沿海地区越冬。国外分布于欧洲、非洲、中亚及印度北部。

国家重点保护野生动物
一级

IUCN
红色名录
NT

CITES
附录
附录 I

鹗

Pandion haliaetus

鸟纲 / 鹰形目 / 鹗科

形态特征

体长56-62厘米。上体暗褐色，头白色，头顶具有黑色纵纹，从眼先开始的黑色带一直延伸到颈后，胸部具有褐色纵纹，下体白色，尾部具有多道黑色带，飞行时显得翅膀狭长，不似其他猛禽可以伸直，而翼角向后成一个弯角。虹膜橙黄色，喙黑色，脚灰色。

分布

国内分布于大部分省区。国外分布于欧洲、亚洲，在非洲越冬。

国家重点保护野生动物
二级

IUCN
红色名录
LC

CITES
附录
附录Ⅱ

黑翅鸢

Elanus caeruleus

鸟纲 / 鹰形目 / 鹰科

形态特征

体长31-37厘米。静立时黑色的肩部斑块和初级飞羽与浅灰色的身体对比十分明显，飞翔时可观察到初级飞羽黑色，部分次级飞羽也为黑色，其余部分几乎都为白色。幼鸟与成鸟相似，但有较多褐色。虹膜红色，喙黑色，脚黄色。

分布

国内广泛分布于华南、华东、西南地区，近年来在华北一带出现频率增加。国外分布于南欧、北非、中亚、印度次大陆及东南亚。

国家重点保护野生动物
二级

IUCN
红色名录
LC

CITES
附录
附录Ⅱ

幼鸟

幼鸟

胡兀鹫

Gypaetus barbatus

鸟纲 / 鹰形目 / 鹰科

形态特征

体长94-125厘米。上体为黄褐色，有黑色纵纹，头灰白色，具有黑色的贯眼纹，喙边有明显的黑色胡须，颈部、胸部和下体红褐色，尾羽呈明显的楔形，喙高而侧扁，前端呈钩状。虹膜浅色，喙角质褐色，端部黑色，脚铅灰色。

分布

国内主要分布于青藏高原和新疆西部。国外分布于欧亚大陆南部、中亚和非洲。

国家重点保护野生动物
一级

IUCN 红色名录
NT

CITES 附录
附录Ⅱ

白兀鹫

Neophron percnopterus

鸟纲 / 鹰形目 / 鹰科

形态特征

体长55-65厘米。体羽以白色为主，头部羽毛披针状，飞羽黑色，尾呈楔形，喙细长带钩，鼻孔亦呈长形，脸部裸皮黄色。虹膜褐色，喙黄色，端部黑色，脚黄色。

分布

国内仅记录于新疆西部。国外分布于南欧、北非、西亚、印度次大陆。

 国家重点保护野生动物 二级

 IUCN 红色名录 EN

 CITES 附录 附录Ⅱ

白兀鹫（左）

鹃头蜂鹰

Pernis apivorus

鸟纲 / 鹰形目 / 鹰科

形态特征

体长52-59厘米。本种飞行时可见翼指5枚，有别于凤头蜂鹰的6枚翼指，翅形显得更为狭长。体色类似凤头蜂鹰，呈现极度多样化，可从甚白至甚黑各具不同花纹。本种成年雄鸟具极粗重的黑色翅后缘与尾后缘，虹膜为橙色，可区别凤头蜂鹰的深色虹膜。成年雌鸟黑色翅后缘与尾后缘亦明显，虹膜为黄色。未成年鸟尾上有细横纹，虹膜色深，蜡膜明显泛黄。本种飞行时可明显观察到其尖细的头颈与较长的尾部。

分布

国内在新疆伊犁有确切记录，还可能见于新疆喀什、阿尔泰山等地。国外分布于欧洲、亚洲西部，以及俄罗斯斯高加索地区，越冬于撒哈拉南部的非洲。

 国家重点保护野生动物 二级

 IUCN 红色名录 LC

CITES 附录 附录Ⅱ

凤头蜂鹰

Pernis ptilorhynchus

鸟纲 / 鹰形目 / 鹰科

形态特征

体长57-61厘米。不同个体的体色可以从浅色到黑色，变化非常大，凤头不明显，喉部常常浅色，具有黑色的纵纹，飞行时从下看，飞羽常具黑色的横带，尾部具2条粗的黑色横带（雄鸟）或者3条细的黑色横带（雌鸟）。与其他猛禽相比较，颈长而头小。虹膜黄色或橘红色，喙黑色，脚黄色。

分布

国内分布于东北、华中、华南、西南地区及台湾，迁徙时经过国内大部分地区。国外分布于俄罗斯、日本和朝鲜半岛，越冬于南亚和东南亚。

国家重点保护野生动物
二级

IUCN
红色名录
LC

CITES
附录
附录Ⅱ

褐冠鹃隼

Aviceda jerdoni

鸟纲 / 鹰形目 / 鹰科

形态特征

体长41-48厘米。头部具标志性的黑褐色长羽冠，上体褐色，初级飞羽具黑色的端斑，喉白色，正中有一条黑色纵纹，下体余部满缀宽阔的淡红褐色和白色横斑。虹膜金黄色，喙铅灰色，脚黄色。

分布

国内记录见于云南、广西、广东、海南、四川、重庆、贵州、湖北、湖南。国外分布于南亚和东南亚。

国家重点保护野生动物
二级

IUCN红色名录
LC

CITES附录
附录Ⅱ

黑冠鹃隼

Aviceda leuphotes

鸟纲 / 鹰形目 / 鹰科

形态特征

体长28-35厘米。头部、颈部、背部、尾上覆羽和尾羽都呈黑褐色并带金属光泽，翅膀和肩部具有白色斑，下体上部黑色，上胸具有一条白色的领，腹部具有宽的白色和栗色横斑，余部黑色。飞行时翅膀看上去宽圆。虹膜红褐色，喙铅灰色，脚铅灰色。

分布

国内分布于华中、华东、华南、西南等地区。国外分布于南亚和东南亚。

国家重点保护野生动物

二级

IUCN 红色名录

LC

CITES 附录

附录Ⅱ

兀鹫

Gyps fulvus

鸟纲 / 鹰形目 / 鹰科

形态特征

体长93-110厘米。大型食腐性猛禽。体羽棕褐色，飞羽和尾羽黑褐色，头和颈部裸露，具白色绒毛，下颈具白色领，下体棕黑色具浅色纵纹。较相似种高山兀鹫更偏棕色。喙粗壮有力，浅黄色，脚灰色。

分布

国内偶见于新疆和西藏。国外广泛分布于亚洲、北非、南欧。

国家重点保护野生动物
二级

IUCN
红色名录
LC

CITES
附录
附录Ⅱ

长嘴兀鹫

Gyps indicus

鸟纲 / 鹰形目 / 鹰科

形态特征

体长77-103厘米。全身浅黄褐色，飞羽黑色，头颈部位黑色皮肤裸露没有羽毛，喙深角质色，短且粗壮带钩。

分布

国内偶见于西藏东南部和云南南部。国外分布于南亚。

国家重点保护野生动物
二级

IUCN 红色名录
CR

CITES 附录
附录II

白背兀鹫

Gyps bengalensis

鸟纲 / 鹰形目 / 鹰科

形态特征

体长75-85厘米。相比其他兀鹫体羽深，翅下几乎纯白，腰部白色，与其他兀鹫区别明显。虹膜褐色，喙暗褐色，脚深褐色。

分布

国内仅在云南有过记录。国外分布于伊朗高原东部、阿富汗、印度次大陆、中南半岛北部。

国家重点保护野生动物
一级

IUCN 红色名录
CR

CITES 附录
附录II

《国家重点保护野生动物名录》备注：原名“拟兀鹫”

高山兀鹫

Gyps himalayensis

鸟纲 / 鹰形目 / 鹰科

形态特征

体长103-110厘米。成鸟上体以浅褐色为主，下体褐色具白色纵纹，初级飞羽和尾羽黑色，头部和头侧裸露，具丝状白色羽毛，颈侧具黄色“领羽”。虹膜暗黄色，喙暗褐色，脚灰色。

分布

国内分布于青藏高原、新疆西北部，冬季也见于云南南部。国外分布于巴基斯坦、印度、尼泊尔、不丹等地。

国家重点保护野生动物
二级

IUCN
红色名录
NT

CITES
附录
附录Ⅱ

未成年鸟

未成年鸟

黑兀鹫

Sarcogyps calvus

鸟纲 / 鹰形目 / 鹰科

形态特征

体长76-85厘米。相比其他兀鹫体型较小，成鸟头部皮肤红色，从头部后方在颈侧垂下来的肉垂亦红色，颈侧具白色“领羽”，除覆腿羽白色之外，全身羽毛黑褐色。虹膜白色至黄色，喙角质褐色，脚红色。

分布

国内曾记录于云南西南部。国外分布于印度次大陆、中南半岛等地。

国家重点保护野生动物
一级

IUCN
红色名录
CR

CITES
附录
附录II

秃鹫

Aegypius monachus

鸟纲 / 鹰形目 / 鹰科

形态特征

体长100–120厘米。浑身黑褐色，成鸟头部裸露，颈部羽毛松软，常缩脖站立，飞行时显得颈短，两翅极宽大，翅的前缘和后缘近乎平行，初级飞羽“指状”明显，尾短，呈楔形。幼鸟羽色深，头部生有黑色短绒羽。虹膜暗褐色，喙灰褐色，脚灰白色。

分布

国内在北方地区至青藏高原东部为留鸟或冬候鸟，华东、华南偶尔可见。国外分布于非洲、欧洲、中亚、西伯利亚南部一直到西伯利亚中东部地区，冬季见于印度、泰国、缅甸、日本。

国家重点保护野生动物
一级

IUCN
红色名录
NT

CITES
附录
附录Ⅱ

蛇雕

Spilornis cheela

鸟纲 / 鹰形目 / 鹰科

形态特征

体长65-74厘米。成鸟头部的黑白色羽冠平，使得整个头部感觉较大且蓬松，眼和喙之间部分裸露，为黄色，非常显眼，飞行时通过尾部和翅膀后缘的白色斑很好辨认。亚成鸟与成鸟相似，但体羽褐色较浓，且杂白色较多，更显斑驳。虹膜黄色，喙蓝灰色，脚黄色。

分布

国内主要分布于长江以南地区，有时偶见于华北。国外分布于印度次大陆、东南亚。

国家重点保护野生动物
二级

IUCN
红色名录
LC

CITES
附录
附录Ⅱ

未成年鸟

短趾雕

Circaetus gallicus

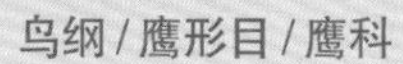

鸟纲 / 鹰形目 / 鹰科

形态特征

体长60-70厘米。上体灰褐色，下体白色具有黑色纵纹，头及喉部褐色，尾羽具有黑色的宽横斑。虹膜黄色，喙黑色，脚灰绿色。

分布

国内繁殖于新疆，也见于云南北部、四川、重庆、湖北、广西等地。国外分布于欧洲、亚洲和非洲中部。

国家重点保护野生动物
二级

IUCN 红色名录
LC

CITES 附录
附录Ⅱ

凤头鹰雕

国家重点保护野生动物
二级

IUCN
红色名录
LC

CITES
附录
附录II

Nisaetus cirrhatus

鸟纲 / 鹰形目 / 鹰科

形态特征

体长51-82厘米。与鹰雕形态极为相似，但是头顶仅具短冠羽，跗跖被羽仅到脚趾之间而不在脚趾上，胸部仅具纵纹而缺少横斑。飞行时翅膀后缘更加平滑。虹膜黄色，喙黑色，脚黄色。

分布

国内见于云南西南部和广西。国外分布于南亚和东南亚。

鹰雕

Nisaetus nipalensis

鸟纲 / 鹰形目 / 鹰科

未成年鸟

形态特征

体长64-84厘米。具长羽冠的大型褐色猛禽。成鸟上体灰褐色，喉和胸白色，具有黑色的明显纵纹，其余下体淡褐色，翅膀十分宽阔，飞行时可见翅下具有平行排列的黑色横斑，尾打开呈扇形，具有数道平行的横斑。虹膜黄色，喙黑色，脚黄色。

分布

国内主要分布于西南、华南及台湾，近年来种群扩散到华中和秦岭地区。国外分布于南亚和东南亚。

国家重点保护野生动物 二级

IUCN 红色名录 NT

CITES 附录 附录Ⅱ

棕腹隼雕

Lophotriorchis kienerii

鸟纲 / 鹰形目 / 鹰科

形态特征

体长50-61厘米。具羽冠的中型猛禽。上体为黑色，喉部和胸部白色，腹部和翅下棕红色，具有黑色纵纹。幼鸟下体白色，胁部具有特征性的黑色横纹。虹膜暗褐色，喙铅灰色，端部黑色，脚淡黄色。

分布

国内分布于云南和海南，偶有记录见于内陆中部地区。国外分布于南亚和东南亚。

国家重点保护野生动物 二级

IUCN 红色名录 NT

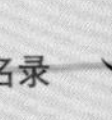

CITES 附录 附录Ⅱ

林雕

Ictinaetus malaiensis

鸟纲 / 鹰形目 / 鹰科

未成年鸟

形态特征

体长67–81厘米。通体为黑褐色，飞行时可见翅形宽而长，翅基较窄，翅后缘突出，尾羽上有数条淡色横斑，体色和乌雕类似，但是翅形平直，翅后缘靠近身体的部分不往内凹。虹膜暗褐色，喙铅灰色，尖端黑色，蜡膜黄色，脚淡黄色，跗跖被羽。

分布

国内分布于西南、华中、华南及台湾。国外分布于南亚和东南亚。

 国家重点保护野生动物 二级

 IUCN红色名录 LC

 CITES附录 附录Ⅱ

乌雕

Clanga clanga

鸟纲 / 鹰形目 / 鹰科

形态特征

体长61-74厘米。成鸟上体为暗褐色，下体颜色较淡，尾上覆羽白色，与体色对比强烈。亚成鸟和幼鸟的体色较淡，背和翅膀上有很多灰白色斑点，所以本种也被称为“芝麻雕”。飞行时两翅平直，尾短而圆，翱翔时翅膀不上举成“V”字形，以此和其他雕类区别。虹膜褐色，喙黑色，端部黑色，脚黄色。

分布

国内繁殖于东北及新疆，迁徙时经过中部、东部地区，在西南、华南等地区有少量个体越冬。国外分布于西伯利亚和蒙古，越冬于印度次大陆、中南半岛、阿拉伯半岛和撒哈拉沙漠以东地区。

国家重点保护野生动物
一级

IUCN 红色名录
VU

CITES 附录
附录Ⅱ

未成年鸟

靴隼雕

Hieraaetus pennatus

鸟纲 / 鹰形目 / 鹰科

形态特征

体长42-51厘米。色型变化比较大，尾方形，较长。淡色型上体棕褐色，下体白色，飞翔时飞羽后缘和翅尖黑色，与腹部成鲜明对比；深色型通体黑褐色，只是在翼角处各有一个大白色斑，飞行时十分明显。与白腹隼雕相对比，个体较小。虹膜褐色，喙蓝灰色，端部黑色，脚淡黄色。

分布

国内繁殖于新疆，迁徙时见于华北、华中和西南及内蒙古等地。国外分布于欧洲南部、非洲北部、亚洲中部、印度次大陆、中南半岛及斯里兰卡。

国家重点保护野生动物
二级

IUCN 红色名录
LC

CITES 附录
附录Ⅱ

草原雕

Aquila nipalensis

鸟纲 / 鹰形目 / 鹰科

幼鸟

形态特征

体长70-82厘米。成鸟上体土褐色，尾上覆羽白色，翅膀后缘色深，静立收拢翅膀时尤为突出，呈现出深色的斑纹。幼鸟及亚成鸟颜色由淡褐色到褐色，大覆羽和次级覆羽具有棕色的端斑，翼下亦可见白色横带。本种较同属其他大型雕类颜色更加偏褐色，且翱翔时，翅膀上举的"V"字形较浅，有别于金雕。虹膜暗黄色，喙灰褐色，端部黑色，脚淡黄色。

幼鸟

分布

国内繁殖于东北西部、华北北部、西北等地，迁徙时经过华北、华中、西南等地区。国外繁殖分布区自欧洲东南部开始至西伯利亚，在北非、印度次大陆及缅甸越冬。

国家重点保护野生动物
一级

IUCN 红色名录
EN

CITES 附录
附录Ⅱ

幼鸟

白肩雕

Aquila heliaca

鸟纲 / 鹰形目 / 鹰科

形态特征

体长68-84厘米。成鸟头部至后颈的羽毛色浅，呈棕褐色，肩部具有明显的白色羽区，与体羽对比明显，飞行时两翅平举，呈较浅“V”字形；尾长，飞行时尾羽夹紧不呈扇形。幼鸟及亚成鸟体色较淡，头顶黄褐色，背具黄褐色斑点。相似种金雕无白色肩羽，另外生境也不同。虹膜红褐色，喙灰蓝色，脚黄色。

分布

国内仅在新疆天山有繁殖记录，迁徙时经过东北、华北、西北等地区，在长江中下游、华南、西南以及台湾越冬。国外分布于欧洲东南部经西西伯利亚至贝加尔湖地区，越冬于印度次大陆和非洲东北部。

国家重点保护野生动物
一级

IUCN 红色名录
VU

CITES 附录
附录 I

幼鸟

未成年鸟

金雕

Aquila chrysaetos

鸟纲 / 鹰形目 / 鹰科

形态特征

体长78-93厘米。身体呈较深的褐色，因颈后羽毛金黄色而得名。幼鸟尾羽基部有大面积白色，翅下也有白色斑，因而飞行时仰视观察很好确认，成长过程中白色区域逐渐减小，成熟后几乎不显。虹膜栗褐色，喙基部蓝灰色，端部黑色，脚黄色。

分布

国内分布于东北、西北、华北、西南，冬季偶见于华东和华南。国外分布于欧亚大陆、北非和北美。

国家重点保护野生动物
一级

IUCN
红色名录
LC

CITES
附录
附录Ⅱ

亚成鸟

幼鸟

成年鸟

白腹隼雕

Aquila fasciata

鸟纲 / 鹰形目 / 鹰科

形态特征

体长55-67厘米。上体为褐色，下体白色，具有黑色细纵纹，翅膀显得圆而狭长，尖端黑色，翼下飞羽中段浅色，具有黑色横纹，翅下翼覆羽黑褐色，尾羽较长，羽端斑白色，次端具一条宽的黑色横带。虹膜淡褐色，喙灰蓝色，尖端部黑色，脚黄色。

分布

国内主要分布于西南、华南、华中。国外分布于非洲、欧洲、中亚、印度次大陆及印度尼西亚。

国家重点保护野生动物
二级

IUCN
红色名录
LC

CITES
附录
附录Ⅱ

幼鸟

幼鸟

凤头鹰

Accipiter trivirgatus

鸟纲 / 鹰形目 / 鹰科

形态特征

体长40-48厘米。上体为褐色，头部至后颈鼠灰色，具明显褐色羽冠，喉部白色，有明显黑色纵纹，下体白色，具有棕褐色横斑，胁部的羽毛呈箭头状，尾下覆羽白色，飞行时可见到其“蓬松”突出于体侧，尾羽上具4道粗的横斑。虹膜黄色，喙角质褐色，端部黑色，脚淡黄色。

分布

国内分布于西南、华南、华中、华东大部分地区。国外见于印度次大陆和东南亚。

褐耳鹰

Accipiter badius

鸟纲 / 鹰形目 / 鹰科

形态特征

体长35厘米。雄鸟上体以鼠灰色为主，喉部白色，具有灰色中央喉纹，下体羽毛红棕色，具有白色横纹，颈部羽毛缺乏横纹，尾羽上具有黑灰色横斑。雌鸟似雄鸟，但背部褐色较浓。幼鸟似雀鹰和松雀鹰的幼鸟，与前者相比腹部具横纹较多，与后者相比尾羽横纹较窄。虹膜黄色至褐色，喙角质褐色，脚黄色。

分布

国内分布于新疆西部、云南、贵州及华南地区。国外分布于非洲、欧洲、西亚、印度次大陆、中南半岛及斯里兰卡等地。

国家重点保护野生动物
二级

IUCN
红色名录
LC

CITES
附录
附录II

赤腹鹰

Accipiter soloensis

鸟纲 / 鹰形目 / 鹰科

形态特征

体长25-35厘米。雄鸟与日本松雀鹰雄鸟相似，但喙上部蜡膜较大，且为橙黄色而与日本松雀鹰易于区分。雄鸟上体蓝灰色显得更浅，肩背部有几条较大的白色斑，虹膜近黑色。雌鸟较大，眼睛为橙黄色，羽色较暗淡，飞行时翅膀显得较其他林栖鹰类细长。成鸟翅下除初级飞羽尖端黑色外几乎全白色，幼鸟翅下和下体都有褐色横斑，但初级飞羽尖端色深与翅下其他浅色部位对比明显，这点与其他小型鹰类不同。虹膜淡黄色或黄褐色，喙黑色，蜡膜黄色，脚黄色。

分布

国内在南方地区广泛分布，多为夏候鸟和旅鸟，在华南越冬或为留鸟。国外繁殖于朝鲜半岛，越冬于菲律宾、马来西亚、印度尼西亚至巴布亚新几内亚，在印度次大陆也有记录。

国家重点保护野生动物 二级

IUCN 红色名录 LC

CITES 附录 附录Ⅱ

雄

雄

雌

日本松雀鹰

Accipiter gularis

鸟纲 / 鹰形目 / 鹰科

形态特征

体长23-30厘米。雄鸟，上体呈深灰色，下体棕红色，眼睛深红色；雌鸟稍大，上体褐色，下体具较粗的褐色横斑。幼鸟似雌鸟，但胸具纵纹而非横斑，眉纹明显。翼短，飞行时振翅迅速。虹膜黄色（雌鸟）或深红色（雄鸟），喙石板蓝色，蜡膜黄色，脚黄色。

分布

国内在东北和华北繁殖，迁徙季节经过华东、华中和西南，在南方地区为冬候鸟。国外见于俄罗斯、日本及朝鲜半岛，越冬于东南亚。

 国家重点保护野生动物 二级

 IUCN 红色名录 LC

 CITES 附录 附录II

松雀鹰

Accipiter virgatus

鸟纲 / 鹰形目 / 鹰科

形态特征

体长25-36厘米。体型大于日本松雀鹰而小于雀鹰。形态与日本松雀鹰相似，但是本种喉部的黑色纵纹要粗于前者，翼下覆羽和腋羽棕色并具有黑色横斑，飞行时可见第二枚初级飞羽短于第六枚初级飞羽，而日本松雀鹰的第二枚飞羽长于第六枚飞羽。虹膜红色或黄色，喙铅灰色，脚黄色。

分布

国内分布于西南、华南、华中。国外分布于南亚和东南亚。

国家重点保护野生动物
二级

IUCN红色名录
LC

CITES附录
附录Ⅱ

雀鹰

Accipiter nisus

鸟纲 / 鹰形目 / 鹰科

形态特征

体长30-40厘米。雌鸟外形似苍鹰但体型较小且细瘦，跗跖很细，脚趾也显得细长，整体偏褐色，下体满布深色横纹，头部具白色眉纹。雄鸟较小，上体灰褐色，下体具棕红色横斑，脸颊棕红色。幼鸟似雌鸟，翼短圆而尾长。虹膜橙黄色，喙铅灰色，脚黄色，爪黑色。

分布

国内在东北、华北、西南部分地区繁殖，在大部分地区都有越冬记录。国外分布于欧亚大陆、非洲西北部，越冬于地中海、西亚、南亚和东南亚等地。

国家重点保护野生动物
二级

IUCN
红色名录
LC

CITES
附录
附录Ⅱ

幼鸟

雌

雌

苍鹰

Accipiter gentilis

鸟纲 / 鹰形目 / 鹰科

幼鸟

形态特征

体长47-59厘米。雌鸟体型明显大于雄鸟。成鸟上体青灰色，下体具棕褐色细横纹，白色眉纹和深色贯眼纹对比强烈，眼睛红色，翅宽尾长，在高空盘飞时常半张开尾羽，两翅前缘显得较平直，翼后缘弯曲，且翅尖较雀鹰显尖细。幼鸟黄褐色，下体具深色的粗纵纹，眼睛黄色。虹膜黄色，喙铅灰色，脚黄色。

分布

国内在东北的山林中繁殖，迁徙时经过华东、华中和西南，在南方越冬。国外繁殖于北美、欧亚大陆北部、北非，以及伊朗和印度西南部，越冬于欧洲、亚洲南部和东南亚。

国家重点保护野生动物
二级

IUCN
红色名录
LC

CITES
附录
附录Ⅱ

幼鸟

白头鹞

Circus aeruginosus

鸟纲 / 鹰形目 / 鹰科

雄

形态特征

体长43-55厘米。雄鸟上体褐色，头部棕灰色，有深色的条纹，翅膀中部银灰色，尖端黑色，下体红棕色，尾为灰色。雌鸟比雄鸟大，羽毛为深褐色，肩部淡黄色，头顶到枕部和喉部也是淡黄色。虹膜黄色，喙灰色，脚黄色。

分布

国内主要分布于新疆。国外分布于欧亚大陆的西北部，越冬于非洲、印度次大陆及缅甸。

国家重点保护野生动物

二级

IUCN 红色名录

LC

CITES 附录

附录Ⅱ

幼鸟

幼鸟

白腹鹞

Circus spilonotus

鸟纲 / 鹰形目 / 鹰科

形态特征

体长48~58厘米。雄鸟上体灰色至黑色，翅膀除初级飞羽黑色外亦为灰色，头顶、上背及前胸具黑褐色纵纹，尾上覆羽白色，尾羽银灰色。“日本型”雌鸟体羽深褐色，头顶、颈背、喉及前翼缘皮黄色，头顶、颈背具深褐色纵纹；“大陆型”雌鸟似白头鹞雌鸟，除头部外，胸部、初级飞羽亦具有浅色区，无横斑，尾上覆羽无白色区或者较窄污白色羽区，与白尾鹞有所区别。虹膜黄色，喙灰色，脚黄色。

分布

国内繁殖于东北及内蒙古，迁徙时经过东部地区，在海南和台湾及长江中下游地区越冬。国外分布于俄罗斯、日本及朝鲜半岛等地。

国家重点保护野生动物
二级

IUCN红色名录
LC

CITES附录
附录Ⅱ

雄

幼鸟

幼鸟

白尾鹞

Circus cyaneus

鸟纲 / 鹰形目 / 鹰科

形态特征

体长43-54厘米。雄鸟整体青灰色，下体偏白色，翅尖黑色，容易辨认。雌鸟稍大，通体褐色，下体满布深色纵纹，腰部白色十分突出，飞行时特别明显。相似种草原鹞的腰不为白色；乌灰鹞个体较小，腰亦不为白色。虹膜黄色，喙铅灰色，脚黄色。

分布

国内繁殖于东北和西北地区，迁徙时大部分地区可见，越冬长江中下游地区为冬候鸟，也有少量个体在北方越冬。国外繁殖于欧亚大陆、北美，越冬于欧亚大陆南部。

国家重点保护野生动物
二级

IUCN
红色名录
LC

CITES
附录
附录II

雄

雌

幼鸟

草原鹞

Circus macrourus

鸟纲 / 鹰形目 / 鹰科

形态特征

体长40-50厘米。雄鸟上体暗灰色，下体白色，甚似白尾鹞雄鸟，但喉部白色，仅前几枚初级飞羽末端黑色。雌鸟褐色，尾上覆羽白色，与白尾鹞和乌灰鹞的雌鸟极为相似，但体型比前者纤细，次级飞羽较后者色深。虹膜黄色，喙铅灰色，脚黄色。

分布

国内繁殖于新疆天山，偶有迷鸟出现在东南沿海。国外繁殖于欧洲东南部、西伯利亚、中亚，在非洲、印度次大陆、中南半岛及伊朗等地越冬。

国家重点保护野生动物

二级

IUCN 红色名录

NT

CITES 附录

附录Ⅱ

雄

雄

雌

鹊鹞

Circus melanoleucos

鸟纲 / 鹰形目 / 鹰科

形态特征

体长43-50厘米。体型较小而双翅细长。雄鸟头、颈、上背和前胸黑色，上体余部、翅膀及尾灰色，但初级飞羽末端和覆羽黑色。雌鸟上体暗褐色，内侧飞羽具黑色横斑，尾羽灰色，端斑浅黑色，并具有几条平行的横斑。虹膜黄色，喙角质黄色，脚黄色。

分布

国内繁殖于东北，迁徙时见于东部至西南地区，在长江中下游地区越冬。国外繁殖于西伯利亚中东部、朝鲜半岛，在南亚和东南亚越冬。

雄

雄

雄

乌灰鹞

Circus pygargus

鸟纲 / 鹰形目 / 鹰科

雄

形态特征

体长39-50厘米。雄鸟上体、喉部至上胸暗灰色，下体白色，具有棕色纵纹，翅亦为棕色，初级飞羽末端黑色，翅上有1条黑色横带，翅下有2条黑色横带，飞行时十分明显。雌鸟褐色，尾上覆羽白色，与白尾鹞和草原鹞的雌鸟极为相似，但体型比前者纤细，领环比后者色浅。虹膜黄色，喙角质黄色，脚黄色。

分布

国内繁殖于新疆天山，偶尔有迷鸟出现在东南沿海。国外分布于欧洲、西伯利亚、中亚、非洲北部及阿富汗，在非洲、印度次大陆、中南半岛及伊朗等地越冬。

国家重点保护野生动物
二级

IUCN 红色名录
LC

CITES 附录
附录Ⅱ

雄

雌

黑鸢

Milvus migrans

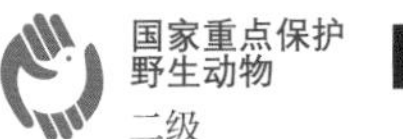

鸟纲 / 鹰形目 / 鹰科

形态特征

体长54–66厘米。雌鸟体长稍小于雄鸟，飞翔时“指状”的初级飞羽、分叉的方形尾羽及翅下醒目的白色斑是辨认这种鸟的主要特征。虹膜暗褐色，喙黑色，脚黄色，爪黑色。

分布

国内广泛分布于各地区。国外分布于欧洲、亚洲、非洲以及澳大利亚。

幼鸟

栗鸢

Haliastur indus

鸟纲 / 鹰形目 / 鹰科

形态特征

体长36-51厘米。头部、颈部和胸部白色，其余部分栗红色，初级飞羽的尖端黑色，尾形为圆形，与黑鸢的叉形尾相区别。虹膜褐色，喙淡黄绿色，脚黄灰色。

分布

国内曾见于长江中下游和西南地区，零星出现于云南、广西、广东、青海、北京。国外分布于南亚、东南亚及澳大利亚。

国家重点保护野生动物
二级

IUCN
红色名录
LC

CITES
附录
附录Ⅱ

白腹海雕

Haliaeetus leucogaster

鸟纲 / 鹰形目 / 鹰科

形态特征

体长70-85厘米。除飞羽和尾羽基部为黑色外，体羽大部分白色，背部为黑灰色，尾羽呈楔形。虹膜褐色，喙铅灰色，脚黄色。

分布

国内见于广东、福建、香港、海南、台湾。国外分布于南亚、东南亚、南太平洋岛屿及澳大利亚。

国家重点保护野生动物
一级

IUCN 红色名录
LC

CITES 附录
附录II

未成年鸟

未成年鸟

玉带海雕

Haliaeetus leucoryphus

鸟纲 / 鹰形目 / 鹰科

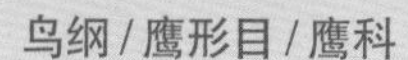

形态特征

体长72-84厘米。头部和颈部具土黄色的披针状羽毛，体羽黑褐色，下体棕褐色，尾羽中间具1道宽阔的白色横带斑，与其他海雕相比，头细长，颈较长，喙较细。虹膜黄色，喙铅灰色，脚黄色。

分布

国内分布于新疆、青海、西藏、甘肃、内蒙古等地。国外分布于中亚、印度次大陆到蒙古，越冬于波斯湾和印度次大陆。

国家重点保护野生动物

一级

IUCN 红色名录

EN

CITES 附录

附录II

未成年鸟

白尾海雕

Haliaeetus albicilla

鸟纲 / 鹰形目 / 鹰科

形态特征

体长74-92厘米。成鸟头部、上胸具有浅褐色披针状羽毛，具黄色大喙，白色楔形尾，飞行时容易辨认。幼鸟喙为黑褐色，羽毛深褐色，具不规则的浅色点斑。虹膜黄色，成鸟喙黄色，脚黄色，爪黑色。

分布

国内在东北地区繁殖，迁徙或越冬于东部沿海、华中，以及西藏和云南。国外分布于欧亚大陆北部、格陵兰岛及日本，在这些地区的南部、北非，以及印度越冬。

国家重点保护野生动物
一级

IUCN
红色名录
LC

CITES
附录
附录 I

虎头海雕

Haliaeetus pelagicus

鸟纲 / 鹰形目 / 鹰科

形态特征

体长85-105厘米。头部和颈部具浅色披针状羽毛，体羽暗褐色，但肩羽、腰、尾上及尾下覆羽、腿覆羽及楔形尾白色。这些部分在未成年个体身上呈褐色，以黄色的大喙和其他海雕相区分。虹膜褐色，成鸟喙黄色，脚黄色。

分布

国内分布于吉林珲春、辽宁旅顺和大连等地。国外分布于西伯利亚中东部、日本及朝鲜半岛等地。

国家重点保护野生动物
一级

IUCN 红色名录
VU

CITES 附录
附录Ⅱ

白尾海雕（左）虎头海雕（右）

渔雕

Icthyophaga humilis

鸟纲 / 鹰形目 / 鹰科

形态特征

体长51-69厘米。头部和背部的羽毛灰色，胸部和颈部褐色，背部的羽毛和尾羽为深褐色，下腹部和胫部白色，与身体余部的对比强烈。这种体色在国内无其他近似的猛禽种类。虹膜黄色，成鸟喙灰色，脚灰色。

分布

国内曾有记录见于海南的水库中。国外分布于南亚和东南亚等地。

国家重点保护野生动物
二级

IUCN 红色名录
NT

CITES 附录
附录Ⅱ

白眼鵟鹰

Butastur teesa

鸟纲 / 鹰形目 / 鹰科

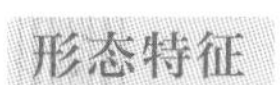

形态特征

体长36-43厘米。上体暗褐色或棕色，脸部与上体颜色一致，喉部白色并具有黑色中央喉纹，枕部常有一块白斑。下体白色，密布棕色横斑，翅上覆羽亦具不明显的褐色斑纹。尾羽上有黑横斑，尾下白色。虹膜白色，喙黑色，脚黄色。

分布

国内仅记录于西藏南部。国外见于巴基斯坦，向西延伸至伊朗高原东部，向东南至印度、缅甸和泰国。

国家重点保护野生动物
二级

IUCN 红色名录
LC

CITES 附录
附录Ⅱ

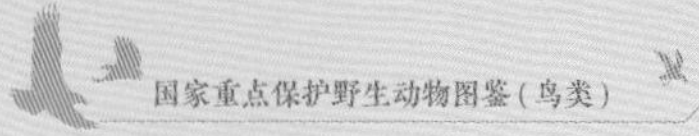

棕翅鵟鹰

Butastur liventer

鸟纲 / 鹰形目 / 鹰科

形态特征

体长35-41厘米。脸部、喉部、胸部、上背灰褐色，下背至尾上覆羽棕褐色，初级飞羽和尾羽栗红色，尾羽上具有黑褐色横斑。依据飞羽和尾羽的颜色与其他鵟鹰相区别，飞行时可见翅下浅色。虹膜黄色，喙黑色，脚黄色。

分布

国内仅有记录见于云南西南部。国外见于印度次大陆、中南半岛及印度尼西亚。

国家重点保护野生动物
二级

IUCN
红色名录
LC

CITES
附录
附录Ⅱ

灰脸鵟鹰

Butastur indicus

鸟纲 / 鹰形目 / 鹰科

形态特征

体长39-48厘米。上体暗褐色，翅上覆羽棕褐色，脸部灰色，喉部白色并具有黑色中央喉纹，下体白色，密布棕色横斑，尾羽上具有3条黑褐色横斑，尾上覆羽白色。与普通鵟相比体型相当，依据尾羽上的横斑可以区分。虹膜黄色，喙黑色，脚黄色。

分布

国内繁殖于东北、华北至华中的部分地区，迁徙时经过华东、华中和西南大部分地区，在长江中下游、西南地区及台湾越冬。国外繁殖于俄罗斯、日本和朝鲜半岛等地，在南亚和东南亚越冬。

国家重点保护野生动物
二级

IUCN红色名录
LC

CITES附录
附录II

幼鸟

毛脚鵟

Buteo lagopus

鸟纲 / 鹰形目 / 鹰科

形态特征

体长45-62厘米。较其他两种鵟翅膀显得更为狭长，周身羽色黑白色对比也更为醒目，特别是靠近尾羽端部的深色条带是辨认毛脚鵟的重要特征，飞行时尤为显眼。虹膜黄色，喙铅灰色，脚黄色。

分布

国内在北方地区为冬候鸟，部分个体到南方越冬。国外分布于欧亚大陆北部至北美洲北部，在这些大陆的南部越冬。

国家重点保护野生动物
二级

IUCN
红色名录
LC

CITES
附录
附录Ⅱ

雌

大鵟

Buteo hemilasius

鸟纲 / 鹰形目 / 鹰科

形态特征

体长57-67厘米。体型相较于其他鵟类更为粗壮。常在开阔地面或高树及电线杆上蹲伏，飞行时显得翅膀较长而尾较短，下体深色部分靠后接近下腹部，深色带在下体中央不相连，以此与普通鵟区分，翅上初级飞羽基部有大面积浅色区域是辨识大鵟的重要特征。虹膜黄色，喙黑色，脚黄色，跗跖强壮且被毛。

分布

国内在北方地区和青藏高原繁殖，冬季在北方、中部和东部地区越冬。国外繁殖区自亚洲中部至蒙古和朝鲜半岛，越冬于印度、缅甸、日本。

国家重点保护野生动物
二级

IUCN
红色名录
LC

CITES
附录
附录Ⅱ

普通鵟

Buteo japonicus

鸟纲 / 鹰形目 / 鹰科

形态特征

体长42-54厘米。有多种色型，常见上体红褐色，下体暗褐色，具纵纹，浅色型上胸具有深色带，飞行时，可见翅下初级飞羽基部有白色斑，飞羽外缘和翼角黑色，尾羽打开呈扇形，有很窄的次端横带，据此可和毛脚鵟相区分。虹膜黄色，喙铅灰色，脚黄色，跗跖较短且不被毛。

分布

国内繁殖于东北地区，迁徙时东部大部分地区可见，主要在长江中下游地区越冬，也有少量个体在北方越冬。国外繁殖于西伯利亚中东部、日本、朝鲜半岛，在东南亚地区越冬。

国家重点保护野生动物

二级

IUCN 红色名录

LC

CITES 附录

附录Ⅱ

喜山鵟

Buteo refectus

鸟纲 / 鹰形目 / 鹰科

形态特征

体长45-53厘米。曾为普通鵟的一个亚种*refectus*，体型与普通鵟极为相似，但是DNA分析的结果支持本种为独立物种。本种更近似于棕尾鵟，但翅较长而下体红褐色较重。虹膜黄色，喙铅灰色，脚黄色。

分布

国内在青藏高原边缘山地繁殖，冬季可短距离迁徙到低海拔地区。国外见于印度、不丹、尼泊尔等。

国家重点保护野生动物
二级

IUCN 红色名录
LC

CITES 附录
附录II

欧亚鵟

Buteo buteo

鸟纲 / 鹰形目 / 鹰科

形态特征

体长40-48厘米。国内分布的亚种*vulpinus*曾为普通鵟的一个亚种，DNA分析的结果支持本种为独立物种。和普通鵟极为相似，但通常翅膀较尖长，次级飞羽的外侧羽缘黑色区面积较大，胸部颜色较为均一。虹膜黄色，喙铅灰色，脚黄色。

分布

国内可能在阿尔泰山、天山繁殖，迁徙时经过新疆。国外分布于欧洲、亚洲中部、非洲撒哈拉沙漠。

国家重点保护野生动物
二级

IUCN
红色名录
LC

CITES
附录
附录Ⅱ

棕尾鵟

Buteo rufinus

鸟纲 / 鹰形目 / 鹰科

形态特征

体长50-58厘米。和其他鵟类似，具有深色型和浅色型，以棕黄色的尾羽和其他近似种类相区分，跗跖长而不被毛。虹膜黄色，喙黑褐色，脚黄色。

分布

国内在新疆天山、准噶尔盆地、吐鲁番盆地繁殖，为留鸟，部分种群冬季可游荡到西藏南部和云南。国外繁殖于欧洲东南部经中亚到蒙古西部、非洲北部和中部，冬季见于非洲及印度西北部。

国家重点保护野生动物
二级

IUCN红色名录
LC

CITES附录
附录II

黄嘴角鸮

Otus spilocephalus

鸟纲 / 鸮形目 / 鸱鸮科

形态特征

体长18-20厘米。眼黄色，喙黄色，全身无明显纵纹或横斑，仅肩部具一排硕大的三角形白色点斑。虹膜黄色，喙米黄色，脚淡灰白色。

分布

国内见于云南西南部至东南地区，包括台湾和海南。国外见于南亚和东南亚。

国家重点保护野生动物
二级

IUCN
红色名录
LC

CITES
附录
附录II

领角鸮

Otus lettia

鸟纲 / 鸮形目 / 鸱鸮科

形态特征

体长23-25厘米。体偏灰色或染褐色。体型略大。虹膜色深，具浅沙色的颈圈，以此区别于其他角鸮，上体偏灰色或沙褐色，并具黑色与皮黄色杂纹或斑块，下体灰色，有细密底纹和黑色纵纹。虹膜深褐色，喙黄色，脚污黄色。

分布

国内繁殖于西南、华中、华南等地区及台湾。国外见于南亚和东南亚。

国家重点保护野生动物
二级

IUCN
红色名录
LC

CITES
附录
附录Ⅱ

北领角鸮

Otus semitorques

鸟纲 / 鸮形目 / 鸱鸮科

形态特征

体长21-26厘米。体偏灰色。体型略大于外形相似的领角鸮，整体色浅。虹膜橙红色，喙黄色或色深，脚污黄色。跗跖和趾部覆羽。

分布

国内见于中东部。国外见于日本、朝鲜半岛。

国家重点保护野生动物
二级

IUCN
红色名录
LC

CITES
附录
附录Ⅱ

纵纹角鸮

Otus brucei

鸟纲 / 鸮形目 / 鸱鸮科

形态特征

体长20-22厘米。眼黄色，似灰色型西方角鸮，但上体沙灰色较淡，顶冠或后颈无白色点，下体灰色略重，并具清晰的黑色稀疏条纹。幼鸟下体遍布横斑。虹膜黄色，喙近黑色，脚灰色。

分布

国内在新疆西部干旱区及喀什地区有记录。国外分布于西亚至巴基斯坦，越冬于印度。

国家重点保护野生动物

二级

IUCN 红色名录

LC

CITES 附录

附录II

西红角鸮

Otus scops

鸟纲 / 鸮形目 / 鸱鸮科

形态特征

体长19-21厘米。体棕红色或灰色。眼黄色，体羽多纵纹，有棕色型和灰色型之分。形似红角鸮而体色普遍稍浅，叫声有异，两者分布无重叠。虹膜黄色，喙角质色，脚褐灰色。

分布

国内繁殖于新疆的天山和喀什地区。国外分布于古北界西部至西亚和中亚。

国家重点保护野生动物
二级

IUCN
红色名录
LC

CITES
附录
附录Ⅱ

红角鸮

Otus sunia

鸟纲 / 鸮形目 / 鸱鸮科

形态特征

体长16-22厘米。全身灰褐色。眼黄色，区别于领角鸮的深色；胸部布满黑色条纹，区别于黄嘴角鸮；另外较纵纹角鸮色深而体型较小，条纹下体多而上体少，分布区也几乎重叠。有灰色型和棕色型之分。虹膜橙黄色，喙角质灰色，脚偏灰色。

分布

国内夏季常见于东北、华北、华东至长江以南，也见于西藏南部及华南，偶见于台湾。国外分布于印度次大陆、东南亚，以及日本。

国家重点保护野生动物
二级

IUCN
红色名录
LC

CITES
附录
附录Ⅱ

优雅角鸮

Otus elegans

鸟纲 / 鸮形目 / 鸱鸮科

形态特征

体长18-22厘米。别名兰屿角鸮。头顶无深黑色条纹，区别于红角鸮，无领圈，区别于领角鸮，体羽上白色点斑杂乱。虹膜黄色，喙深灰色，脚灰色，腿具斑纹。

分布

国内见于台湾东南部的兰屿岛，迷鸟见于香港。国外分布于琉球群岛。

国家重点保护野生动物

二级

IUCN 红色名录

NT

CITES 附录

附录Ⅱ

雪鸮

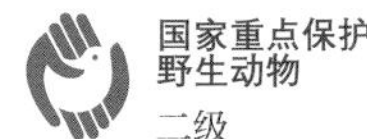

Bubo scandiacus

鸟纲 / 鸮形目 / 鸱鸮科

形态特征

体长55-64厘米。无耳羽簇，眼黄色，头顶、背、两翼及下胸羽尖黑色，使体羽满布黑色点。虹膜黄色，喙灰色，脚黄色。

分布

国内见于东北和西北地区。国外分布于全北界的北部。

雕鸮

Bubo bubo

鸟纲 / 鸮形目 / 鸱鸮科

形态特征

体长59-73厘米。耳羽簇长，眼橘黄色，大而圆，颏至前胸污白色而少纹，胸部黄色，多具深褐色纵纹且每片羽毛均具褐色横斑，体羽褐色斑驳，脚被羽直至趾。虹膜橙黄色，喙灰色，脚黄色。

分布

国内分布于多数省区。国外广布于古北界、西亚至印度次大陆。

国家重点保护野生动物
二级

IUCN红色名录
LC

CITES附录
附录Ⅱ

林雕鸮

Bubo nipalensis

鸟纲 / 鸮形目 / 鸱鸮科

形态特征

体长51-63厘米。体大，上体和下体颜色形成鲜明对比，耳羽簇长而厚，向两边平展几成180°，上体多深色杂斑但无条纹，胸腹羽灰白色而具深褐色羽端，排列成特征性的鳞纹而非条纹。虹膜褐色，喙黄色，脚皮黄色并被毛。

分布

国内见于四川、云南、贵州、广西、海南、重庆。国外分布于印度次大陆至东南亚。

国家重点保护野生动物
二级

IUCN
红色名录
LC

CITES
附录
附录Ⅱ

毛腿雕鸮

Bubo blakistoni

鸟纲 / 鸮形目 / 鸱鸮科

形态特征

体长67-77厘米。具耳羽簇且较宽，面盘染较多棕色，上体具浓重的黑色纵纹，扰翼时初级飞羽具黑色横斑，胸部具黑色纵纹及众多横斑。虹膜黄色，喙角质灰色，脚灰色，腿被羽。

分布

国内曾广泛分布于东北地区，现在已经很罕见了。国外分布于东北亚的朝鲜半岛、库页岛及日本北部。

国家重点保护野生动物
一级

IUCN
红色名录
EN

CITES
附录
附录Ⅱ

褐渔鸮

Ketupa zeylonensis

鸟纲 / 鸮形目 / 鸱鸮科

形态特征

体长51-55厘米。体棕褐色，腿长，具耳羽簇，颏淡黄色，无浅色眉，以此区别于雕鸮，上体具黑白色纵纹，下体底皮黄色并密布深褐色细纹和黑色纵纹，脚裸露不被毛。虹膜黄色，喙灰色，脚黄色或灰色。

分布

国内见于西藏东南部、云南、广东、广西、香港、海南。国外分布于西亚至印度次大陆、中南半岛。

国家重点保护野生动物
二级

IUCN
红色名录
LC

CITES
附录
附录II

黄腿渔鸮

Ketupa flavipes

鸟纲 / 鸮形目 / 鸱鸮科

形态特征

体长48-55厘米。具耳羽簇，眼黄色，喉部蓬松的白色羽毛形成喉斑，上体棕黄色，具醒目的深褐色纵纹，下体浅黄棕色，较少纵纹，眼黄色、脚不被羽而区别于雕鸮，体色较黄而上体纵纹更重可区别于褐渔鸮。虹膜黄色，喙角质黑色，蜡膜黄绿色，脚黄色或灰色。

分布

国内广泛分布于西南、华中、华东、华南等地区。国外见于印度、孟加拉国、尼泊尔、斯里兰卡、不丹、缅甸等地。

国家重点保护野生动物
二级

IUCN
红色名录
LC

CITES
附录
附录II

褐林鸮

Strix leptogrammica

鸟纲 / 鸮形目 / 鸱鸮科

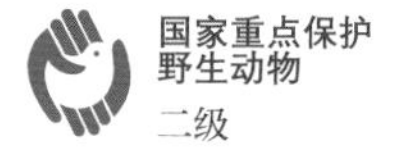

形态特征

体长39-55厘米。全身满布红褐色横斑。眼极大，眼周均为深褐色，无耳羽簇，眉白色，面盘分明，下体皮黄色具深褐色的细横纹，胸染巧克力色，上体深褐色，皮黄色、白色横斑浓重。虹膜深褐色，喙偏白色，脚蓝灰色。

分布

国内见于南方大部分地区，包括海南和台湾。国外见于印度次大陆至东南亚。

灰林鸮

Strix aluco

鸟纲 / 鸮形目 / 鸱鸮科

形态特征

体长37-40厘米。无耳羽簇，通体具浓褐色的杂斑及纵纹，也有偏灰色个体，上体肩部有白色斑。虹膜深褐色，喙黄色，脚黄色。

分布

国内常见于东南、华中、西南大部地区，少量见于河北、山东，在台湾为留鸟。国外见于印度、尼泊尔、缅甸等地。

国家重点保护野生动物
二级

IUCN 红色名录
LC

CITES 附录
附录Ⅱ

长尾林鸮

Strix uralensis

鸟纲 / 鸮形目 / 鸱鸮科

形态特征

体长45-54厘米。眼暗色，眉偏白色，面盘宽而呈灰色，下体灰白色，具深褐色粗大但稀疏的纵纹，两胁横纹不明显，上体褐色具近黑色纵纹和棕红色与白色的斑点，两翼、尾具横斑，较灰林鸮体型大，又比乌林鸮小。虹膜褐色，喙橘黄色，脚被羽。

分布

国内分布于东北的大兴安岭、小兴安岭、长白山及北京西部山区。国外见于欧洲、中亚，以及蒙古、韩国和日本。

国家重点保护野生动物
二级

IUCN
红色名录
LC

CITES
附录
附录Ⅱ

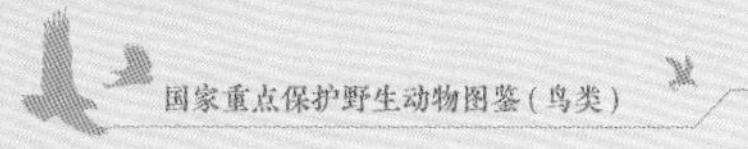

四川林鸮

Strix davidi

鸟纲 / 鸮形目 / 鸱鸮科

形态特征

体长54厘米。无耳羽簇，面盘灰色，轮廓似灰林鸮，但体型更大且尾较长，下体仅有稀疏纵纹，类似长尾林鸮，但体色更深。虹膜褐色，喙黄色，脚被羽。

分布

中国鸟类特有种。主要分布在横断山区北部，见于青海东南部，四川北部、中部和西部及甘肃南部。

国家重点保护野生动物
一级

IUCN
红色名录
LC

CITES
附录
附录Ⅱ

乌林鸮

Strix nebulosa

鸟纲 / 鸮形目 / 鸱鸮科

形态特征

体长56-65厘米。无耳羽簇，眼鲜黄色，眼间有对称的“C”字形白色纹饰，面盘具独特深浅色同心圆，眼周至喉中部黑色，似蓄有胡须，两旁白色的领线平延成面盘的底线，通体羽色浅灰，上、下体均具浓重的深褐色纵纹，两翼、尾具灰色和深褐色横斑，体型大于同域分布的所有林鸮。虹膜黄色，喙黄色，脚橘黄色。

分布

国内位于其分布区边缘，见于大兴安岭和小兴安岭。国外分布于古北界极北部和新北界西部。

国家重点保护野生动物
二级

IUCN 红色名录
LC

CITES 附录
附录Ⅱ

猛鸮

Surnia ulula

鸟纲 / 鸮形目 / 鸱鸮科

形态特征

体长34-40厘米。脸部具深褐色与白色纵横，额羽蓬松具细小斑点，两眼间白色，旁具深褐色的宽阔弧形纹饰，转而成白色弧形和宽大黑色斑至颈侧，颏深褐色，下接白色胸环，上、下胸偏白色，具褐色细密横纹，上体棕褐色，具大的近白色点斑，尾长而头圆，两翼及尾多横斑。虹膜黄色，喙偏黄色，脚浅色被羽。

分布

国内繁殖于新疆天山，在内蒙古东北部和邻近的黑龙江部分地区越冬。国外见于全北界地带。

国家重点保护野生动物
二级

IUCN 红色名录
LC

CITES 附录
附录Ⅱ

花头鸺鹠

Glaucidium passerinum

鸟纲 / 鸮形目 / 鸱鸮科

形态特征

体长15-19厘米。敦实而体羽蓬松，体小，头灰色，遍布白色点斑，眼呈橘黄色，眉纹短而呈白色，上体灰褐色，具白点，下体偏白色而略具灰褐色纵纹，翼、尾上多横斑。虹膜橙黄色，喙角质灰色，脚黄色，腿被羽。

分布

国内曾有记录见于大兴安岭、小兴安岭及河北（东陵）。国外分布于欧亚大陆的温带针叶林地区。

 国家重点保护野生动物 二级

 IUCN红色名录 LC

 CITES附录 附录Ⅱ

领鸺鹠

Glaucidium brodiei

鸟纲 / 鸮形目 / 鸱鸮科

形态特征

体长15-17厘米。形圆而多横斑，无耳羽簇，眼黄色，颈圈浅色，头顶灰色，具白色或皮黄色的小型“眼状斑”，颈背有一对中间黑色而以棕白色为边缘的假眼，上体浅褐色而具橙黄色横斑，喉白色而有褐色横斑，胸、腹部皮黄色，具黑色横斑，腿、臀白色并有褐色纵纹。虹膜黄色，喙角质色，脚灰色。

分布

国内常见于华中、华东、西南、华南、东南。国外见于阿富汗、巴基斯坦至印度尼西亚的苏门答腊岛、加里曼丹岛。

 国家重点保护野生动物 二级

 IUCN红色名录 LC

  CITES附录 附录Ⅱ

斑头鸺鹠

Glaucidium cuculoides

鸟纲 / 鸮形目 / 鸱鸮科

形态特征

体长22-26厘米。无耳羽簇，白色的颏纹明显，上体棕栗色而具赭色横斑，沿肩部有1道白色线条，下体几乎全褐色，具赭色横斑，两胁栗色，臀下白色。虹膜黄褐色，喙偏绿色而端黄色，脚绿黄色。

分布

国内见于华中、东南、西南，偶见于山东和北京。国外见于巴基斯坦、印度东北部至东南亚。

国家重点保护野生动物
二级

IUCN
红色名录
LC

CITES
附录
附录Ⅱ

纵纹腹小鸮

Athene noctua

鸟纲 / 鸮形目 / 鸱鸮科

形态特征

体长20-26厘米。无耳羽簇，头顶平，眉色浅，白色髭纹宽阔，使其双眼似凝视而相貌凶猛，上体褐色，具白色纵纹及点斑，下体白色，具褐色杂斑及纵纹，肩上具2道白色或皮黄色横斑。虹膜亮黄色，喙角质黄色，脚被白色羽。

分布

国内常见于北方和西部的大多数地区。国外分布于欧亚大陆西部、非洲东北部、中亚。

国家重点保护
野生动物
二级

IUCN
红色名录
LC

CITES
附录
附录Ⅱ

横斑腹小鸮

Athene brama

鸟纲 / 鸮形目 / 鸱鸮科

形态特征

体长19-22厘米。无耳羽簇，上体灰褐色，头顶具白色小点斑，两翼、背部的白色点斑较大，淡黄色的颈圈不完整，眉、喉偏白色，下体偏白色无纵纹，胸及两侧具灰色横斑。虹膜黄色，喙灰色，脚白色并被羽。

分布

国内见于云南南部和西藏东南部。国外分布于伊朗南部至印度次大陆和东南亚。

国家重点保护野生动物
二级

IUCN 红色名录
LC

CITES 附录
附录Ⅱ

鬼鸮

Aegolius funereus

鸟纲 / 鸮形目 / 鸱鸮科

形态特征

体长23-26厘米。头高而略显方形，面盘白净，形如眼镜，面盘色彩使其有别于纵纹腹小鸮和花头鸺鹠，眉毛上扬，紧贴眼下具黑色点斑，肩部具大块的白色斑，下体白色，具污褐色纵纹。虹膜亮黄色，喙角质灰色，脚黄色，被白色羽。

分布

国内见于新疆西北部、大兴安岭和小兴安岭，在甘肃、四川、青海、云南也有记录。国外分布于全北界。

国家重点保护野生动物
二级

IUCN
红色名录
LC

CITES
附录
附录Ⅱ

鹰鸮

Ninox scutulata

鸟纲 / 鸮形目 / 鸱鸮科

形态特征

体长26-31厘米。面盘及头部色深，无明显色斑，上体深褐色，肩部两边各有一列白色斑，下体白色或染皮黄色，具宽阔的红褐色纵纹，臀、颏及喙基部色浅。虹膜亮黄色，喙蓝灰色，蜡膜绿色，脚黄色。

分布

国内分布于云南西南部。国外见于印度次大陆、苏拉威西岛、加里曼丹岛、苏门答腊岛、爪哇岛。

国家重点保护野生动物
二级

IUCN 红色名录
LC

CITES 附录
附录II

日本鹰鸮

Ninox japonica

鸟纲 / 鸮形目 / 鸱鸮科

形态特征

体长27-33厘米。头圆的中型鸮类。极似鹰鸮，但胸腹部纵纹有异。虹膜亮黄色，喙蓝灰色，蜡膜绿色，脚黄色。

分布

国内繁殖于东北、华北、华中等地区，迁徙时见于东部省区。国外见于俄罗斯、日本、朝鲜半岛。

国家重点保护野生动物
二级

IUCN 红色名录
LC

CITES 附录
附录Ⅱ

长耳鸮

Asio otus

鸟纲 / 鸮形目 / 鸱鸮科

形态特征

体长33-40厘米。耳羽簇耸立明显，面盘皮黄色而缘以褐色及白色，喙以上的面盘中央部位浅黄色区域形成明显"X"字形，较长的耳羽簇使其明显区别于短耳鸮，上体褐色，具深浅斑驳的条纹斑块，下体皮黄色，具棕色底纹和褐色纵纹。虹膜橙黄色，喙角质灰色，脚偏粉色，被羽。

分布

国内繁殖于新疆西部和天山，以及大兴安岭地区、横断山北缘，迁徙时见于大部分地区，越冬于华北、华中、西南、华南的多个省区。国外见于全北界。

国家重点保护野生动物
二级

IUCN 红色名录
LC

CITES 附录
附录Ⅱ

短耳鸮

Asio flammeus

鸟纲 / 鸮形目 / 鸱鸮科

形态特征

体长35-40厘米。面盘显著，短小的耳羽簇于野外不易见到，短小耳羽与暗色眼圈使其区别于长耳鸮，上体黄褐色，满布黑色和皮黄色纵纹，下体皮黄色，具深褐色纵纹，翼长，飞行时黑色的腕斑易见。虹膜黄色，喙深灰色，脚偏白色。

分布

国内繁殖于东北，在华北以南地区越冬。国外见于全北界、南美洲。

国家重点保护野生动物
二级

IUCN
红色名录
LC

CITES
附录
附录Ⅱ

仓鸮

Tyto alba

鸟纲 / 鸮形目 / 草鸮科

形态特征

体长33-39厘米。头大而脸平，最大特点为面盘白色呈心形，上体棕黄色多具纹理，翼覆羽端有白点，白色的下体密布黑点，整体色彩有变异。亚成鸟皮黄色较深。虹膜深褐色，喙污黄色，脚污黄色。

分布

国内分布于云南、贵州、广西。国外见于南亚、东南亚、西亚、欧洲、非洲、美洲及澳大利亚。

国家重点保护野生动物
二级

IUCN
红色名录
LC

CITES
附录
附录Ⅱ

草鸮

Tyto longimembris

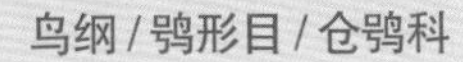

鸟纲 / 鸮形目 / 仓鸮科

形态特征

体长32-38厘米。头圆而脸平，特征性的白色面盘宽而呈心形，似仓鸮，全身多具点斑、杂斑或蠕虫状细纹，但脸、胸部的皮黄色甚深，上体深褐色。虹膜褐色，喙米黄色，脚略白色。

分布

国内见于华中、华南、西南各省区。国外分布于南亚、东南亚，以及日本和澳大利亚。

国家重点保护野生动物
二级

IUCN
红色名录
LC

CITES
附录
附录Ⅱ

栗鸮

Phodilus badius

鸟纲 / 鸮形目 / 仓鸮科

形态特征

体长23-29厘米。头大而尾短，其心形面盘与仓鸮甚似，紧张或兴奋时“耳朵”竖起，上体红褐色而具黑白色点斑，下体皮黄色偏粉色并具黑色点，脸近粉色。虹膜深色，喙褐色，脚污褐色。

分布

国内分布于云南南部、广西西南部、海南。国外见于印度次大陆至东南亚。

国家重点保护野生动物
二级

IUCN
红色名录
LC

CITES
附录
附录Ⅱ

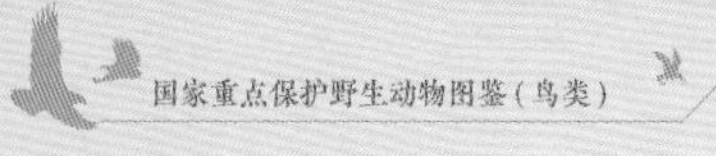

橙胸咬鹃

Harpactes oreskios

鸟纲 / 咬鹃目 / 咬鹃科

形态特征

体长25-31厘米。头圆而尾长，喙尖端微微向下钩曲，下喙的基部还生有发达的喙须。雄鸟头、颈及胸绿灰色，背和尾红褐色，初级飞羽黑色，覆羽具黑条斑，下胸和腹部淡黄色至橙黄色，楔形尾边缘和腹面白色；雌鸟头颈至前胸部多灰色；幼鸟头颈至前胸部染棕色；雌鸟、幼鸟腹部不似雄鸟鲜艳。虹膜色深，眼周裸皮蓝色，喙蓝黑色，脚灰色。

分布

国内见于云南西双版纳。国外分布于东南亚。

雌

雄

雄

红头咬鹃

国家重点保护野生动物
二级

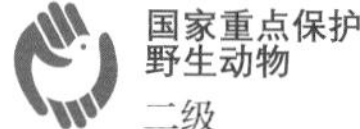
IUCN
红色名录
LC

CITES
附录
未列入

Harpactes erythrocephalus

鸟纲 / 咬鹃目 / 咬鹃科

形态特征

体长31-35厘米。身体多红色，体大，头圆而尾长。雄鸟头红色，红色的胸部具狭窄的半月形白环，背部颈圈缺失；雌鸟头黄褐色，区别于其他所有咬鹃，胸腹部红色不如雄鸟鲜艳，下胸处具半月形白环。虹膜褐色，眼周裸皮蓝色，喙近蓝色，脚偏粉色。

分布

国内见于西南、华中、华南等地区。国外见于印度、尼泊尔至东南亚。

红腹咬鹃

Harpactes wardi

鸟纲 / 咬鹃目 / 咬鹃科

形态特征

体长35-38厘米。下体绯红色，体大，头圆而尾长。雄鸟的额和头顶红色，上胸、上体及中央尾羽栗褐色而染绯红色，两翼偏黑色，初级飞羽缘白色，下胸至尾下覆羽绯红色；雌鸟与雄鸟相似，但深色部分较灰暗，与雄鸟绯红色部分相应处为艳黄色。虹膜褐色，眼周裸皮蓝色，喙粉红色，脚粉棕色。

分布

国内分布于西藏东南部至云南西北部高黎贡山等地。国外见于不丹、印度、缅甸、越南等地。

国家重点保护野生动物
二级

IUCN 红色名录
NT

CITES 附录
未列入

雄

雌

白喉犀鸟

Anorrhinus austeni

鸟纲 / 犀鸟目 / 犀鸟科

形态特征

体长60-65厘米。喉部白色，眼周裸皮蓝色，盔突形如突起的脊状，周身褐色，背面深而腹面浅，仅初级飞羽尖和尾羽尖有白色。虹膜红褐色，喙暗黄色，脚黑色。

分布

国内见于云南西双版纳和西藏东南部。国外分布于印度东北部至东南亚。

国家重点保护野生动物
一级

IUCN
红色名录
NT

CITES
附录
附录II

冠斑犀鸟

Anthracoceros albirostris

鸟纲 / 犀鸟目 / 犀鸟科

形态特征

体长55-60厘米。喙盔发达。上体黑色，仅眼下方有小块白斑，下腹部、尾下覆羽白色，飞羽羽端、外侧尾羽亦白色。虹膜深褐色，眼周裸皮、喉囊白色，喙、盔突黄白色，下颚基部、盔突前部具黑色点斑，脚黑色。

分布

国内以往常见于西藏东南部和云南至广西的热带森林，现仅偶见于云南、广西少数地点。国外见于印度北部至东南亚。

 国家重点保护野生动物 一级

 IUCN 红色名录 LC

 CITES 附录 附录Ⅱ

双角犀鸟

Buceros bicornis

鸟纲 / 犀鸟目 / 犀鸟科

形态特征

体长95-105厘米。体大，喙大，喙盔非常发达，两侧凸而中央凹。脸黑色，头、胸部的白色体羽染黄色，尾羽白色而具黑色次端斑，翼黑色而具白色沾黄色的宽横带。虹膜雄鸟红色，雌鸟近白色，喙、盔突黄色，脚黑色。

分布

国内目前分布于云南西南部、南部的原始森林中。国外见于东南亚及印度。

国家重点保护野生动物

一级

IUCN 红色名录

VU

CITES 附录

附录 I

棕颈犀鸟

Aceros nipalensis

鸟纲 / 犀鸟目 / 犀鸟科

形态特征

体长90-100厘米。体大，喙上盔突极小，仅为稍隆起的脊状。眼周裸皮蓝色，喉囊红色。雄鸟头颈至下体棕红色，雌鸟则全身黑色，两性初级飞羽的羽端及后半段尾羽均为白色。虹膜略红色，喙黄色，脚近黑色。

分布

国内有记录见于西藏东南部和云南西南部。国外分布于尼泊尔至缅甸北部和东南亚。

国家重点保护野生动物
一级

IUCN 红色名录
VU

CITES 附录
附录 I

花冠皱盔犀鸟

Rhyticeros undulatus

鸟纲 / 犀鸟目 / 犀鸟科

形态特征

体长75-85厘米。白色、棕色、黑色相间或全身黑色，喙巨大，盔突较不发达，为隆起的脊状，喙和盔突均为乳白色。雄鸟盔突和喙基有整齐排列的皱褶，皱褶形成褐色条纹，雌鸟的条纹不如雄鸟发达。雄鸟头颈乳白色，头顶、枕部至颈背红棕色，枕部具略红色的丝状羽，裸出的浅色喉囊上具明显的黑色条纹。雌鸟头颈黑色，喉囊蓝色，眼周红色。雄雌两性的背、两翼、腹部均为黑色，尾羽白色。虹膜红色，喙白色或黄色，脚黑色。

分布

国内见于云南西南部。国外分布于印度次大陆至东南亚。

国家重点保护野生动物
一级

IUCN
红色名录
VU

CITES
附录
附录II

雌

雌（左）雄（右）

赤须蜂虎

Nyctyornis amictus

鸟纲 / 佛法僧目 / 蜂虎科

形态特征

体长32-34.5厘米。全身大部翠绿色，前额粉紫色，喉至上胸鲜红色，尾下覆羽黄色。虹膜黄色，喙尖长而角质黑色。

分布

国内仅有一次记录见于云南，并且离其主分布区较远。国外分布于马来半岛、苏门答腊岛和加里曼丹岛。

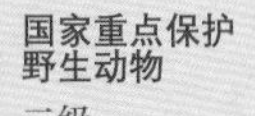

国家重点保护野生动物
二级

IUCN
红色名录
LC

CITES
附录
未列入

蓝须蜂虎

Nyctyornis athertoni

鸟纲 / 佛法僧目 / 蜂虎科

国家重点保护野生动物
二级

IUCN
红色名录
LC

CITES
附录
未列入

形态特征

体长29-35厘米。中央尾羽不延长，全身绿蓝色相间，矛状胸羽蓝色而蓬松，头大，喙较其他蜂虎粗厚而下弯。成鸟前额至顶冠淡蓝色，腹部棕黄色，密布污绿色纵纹，尾羽腹面黄褐色，亚成鸟全身绿色。虹膜橘黄色，喙偏黑色，脚暗绿色。

分布

国内分布于云南至海南。国外见于印度北部至东南亚大部分地区。

绿喉蜂虎

Merops orientalis

鸟纲 / 佛法僧目 / 蜂虎科

形态特征

体长18-20厘米。周身绿色，中央尾羽延长，头顶、枕部古铜色，喉至脸侧染淡蓝色，颈前部有狭窄黑带。虹膜绯红色，喙褐黑色，脚黄褐色。

分布

国内见于云南西部和南部的低海拔地区。国外分布于非洲、西亚至东南亚。

国家重点保护野生动物 二级

IUCN红色名录 LC

CITES附录 未列入

蓝颊蜂虎

Merops persicus

鸟纲 / 佛法僧目 / 蜂虎科

形态特征

体长28-32厘米。中型蜂虎。身体橄榄绿色，头部具黑色贯眼纹，前额白色，眉纹和下颊均为蓝色，颏部鲜黄色，喉部棕褐色，下体翠绿色。喙黑色，尖而细长，脚黑色。

分布

国内见于新疆。国外分布于中亚、南亚、西亚、非洲、欧洲南部。

国家重点保护野生动物
二级

IUCN 红色名录
LC

CITES 附录
未列入

栗喉蜂虎

Merops philippinus

鸟纲 / 佛法僧目 / 蜂虎科

形态特征

体长25-36厘米。喉部具有栗色带，体态优雅，中央尾羽延长，过眼纹黑色，上下均缀有蓝色细缘，头、上背绿色，腰、尾蓝色，颏黄色，腹部浅绿色，有时染黄色，与绿喉蜂虎主要区别为头顶和喉部颜色不同，飞行时可见飞羽下面为橙黄色。虹膜红色，喙黑色，脚黑色。

分布

国内繁殖于西藏、四川、云南、广西、广东、福建，在海南为留鸟，近年偶见于湖北和河南。国外分布于南亚和东南亚。

国家重点保护野生动物
二级

IUCN
红色名录
LC

CITES
附录
未列入

彩虹蜂虎

Merops ornatus

鸟纲 / 佛法僧目 / 蜂虎科

形态特征

体长19-21厘米。体态优雅，中央尾羽延长，头部纹样似栗喉蜂虎，头、上背绿色，但腰、翼覆羽为蓝色，飞羽橙褐色，尾黑色，颏黄色，喉部有深栗色至黑色色带，腹部浅绿色至灰白色。虹膜红褐色，喙黑色，脚黑色。

分布

国内见于台湾外海岛屿。国外分布于澳大利亚、巴布亚新几内亚、印度尼西亚。

 国家重点保护野生动物 二级

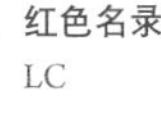 IUCN红色名录 LC

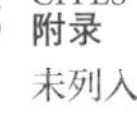 CITES附录 未列入

蓝喉蜂虎

Merops viridis

鸟纲 / 佛法僧目 / 蜂虎科

形态特征

体长21-32厘米。以蓝色喉为特征。成鸟头顶、上背栗棕色，过眼线黑色，翼蓝绿色，腰至尾羽浅蓝色，下体浅绿色，尾下覆羽有时发白色。亚成鸟尾羽无延长，头、上背绿色。虹膜红色或褐色，喙黑色，脚灰色或褐色。

分布

国内见于华东、华中、东南、西南等地区。国外见于东南亚。

 国家重点保护野生动物 二级

 IUCN红色名录 LC

 CITES附录 未列入

栗头蜂虎

Merops leschenaulti

鸟纲 / 佛法僧目 / 蜂虎科

《国家重点保护野生动物名录》备注：原名“黑胸蜂虎”

形态特征

体长20-23厘米。中央尾羽不延长，贯眼纹黑色，头顶、枕至上背亮栗色，两翼、尾部绿色，腰艳蓝色，喉黄色有栗色细缘，腹部浅绿色，飞行时翼下可见橙黄色。虹膜红褐色，喙黑色，脚深褐色。

分布

国内繁殖于西藏东南部和云南。国外见于南亚至东南亚。

鹳嘴翡翠

Pelargopsis capensis

鸟纲 / 佛法僧目 / 翠鸟科

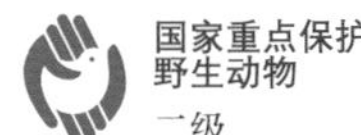

二级

IUCN
红色名录
LC

CITES
附录
未列入

《国家重点保护野生动物名录》备注：原名"鹳嘴翠鸟"

形态特征

体长35-41厘米。上体蓝色而下体橘黄色，红喙硕大，头顶、脸侧及颈背灰色或染棕色，下体橘黄色偏粉色。虹膜褐色，喙红色，脚红色。

分布

国内见于云南西双版纳和盈江。国外见于东南亚及印度。

白胸翡翠

国家重点保护野生动物
二级

IUCN 红色名录
LC

CITES 附录
未列入

Halcyon smyrnensis

鸟纲 / 佛法僧目 / 翠鸟科

形态特征

体长26.5-29.5厘米。上体蓝色而下体褐色，颏、喉及胸部白色；头、颈及下体余部褐色，上背、翼及尾蓝色泛光，翼上覆羽上部及翼端黑色。飞行时可见初级飞羽浅色主干部分形成的大亮斑。亚成鸟喙黑色，前端浅黄色。虹膜深褐色，喙深红色，脚红色。

分布

国内常见于华中以南的大部分地区，迷鸟记录见于台湾。国外见于西亚、东南亚、南亚。

蓝耳翠鸟

Alcedo meninting

鸟纲 / 佛法僧目 / 翠鸟科

形态特征

体长15.5-17厘米。体小，成鸟上体具金属蓝色，颈侧有白斑，颏白色，下体橙棕色，眼周、脸颊为蓝色，区别于常见的普通翠鸟。虹膜褐色，喙黑色，脚红色。

分布

国内偶见于云南南部。国外分布于南亚至缅甸。

国家重点保护野生动物
二级

IUCN 红色名录
LC

CITES 附录
未列入

斑头大翠鸟

Alcedo hercules

鸟纲 / 佛法僧目 / 翠鸟科

形态特征

体长22-23厘米。形似普通翠鸟但明显较大，头顶、枕及头侧近蓝黑色，耳羽近黑色并具银蓝色细纹，脸颊也具银蓝色细纹，头部无橙黄色。虹膜褐色，喙黑色，脚红色。

分布

国内分布于西藏东南部、云南、江西、福建、广东、海南。国外见于东南亚及印度。

国家重点保护野生动物
二级

IUCN
红色名录
NT

CITES
附录
未列入

白翅啄木鸟

Dendrocopos leucopterus

鸟纲 / 啄木鸟目 / 啄木鸟科

形态特征

体长22-24厘米。雄鸟枕部具狭窄红色带，雌鸟枕部全黑色，雄鸟和幼鸟头顶全红色，胸部雪白色，无任何斑纹，两性臀部均为红色。虹膜近红色，喙深灰色，脚灰色。

分布

国内见于新疆，包括喀什、准噶尔盆地并沿天山山麓东至罗布泊。国外见于里海至咸海、阿富汗。

国家重点保护野生动物
二级

IUCN
红色名录
LC

CITES
附录
未列入

三趾啄木鸟

Picoides tridactylus

鸟纲 / 啄木鸟目 / 啄木鸟科

形态特征

体长21-24厘米。雄鸟头顶前部黄色，雌鸟则为灰白色，上背、背部中央白色，腰黑色，体羽无红色，生活于北方的个体下体污白色而有黑色细纹，横断山区的个体背部仅有小块白色于上背，下体黑褐色而点缀细密白斑。足仅具三趾。虹膜褐色，喙黑色，脚灰色。

分布

国内见于新疆、青海、四川、云南、甘肃及东北等地。国外广布于全北界。

国家重点保护野生动物
二级

IUCN红色名录
LC

CITES附录
未列入

白腹黑啄木鸟

Dryocopus javensis

鸟纲 / 鴷形目 / 啄木鸟科

形态特征

体长42-48厘米。体型庞大，雄鸟具红色冠羽及颊斑，部分亚种雄鸟无红色颊斑，雌鸟头全黑色，上体及胸黑色，腹白色。虹膜黄色，喙角质灰色，脚灰蓝色。

分布

国内见于四川西南部、福建西部、云南南部和西北部，为极罕见的留鸟。国外分布于南亚、东南亚。

国家重点保护野生动物
二级

IUCN红色名录
LC

CITES附录
未列入

黑啄木鸟

Dryocopus martius

鸟纲 / 啄木鸟目 / 啄木鸟科

CITES
附录
未列入

形态特征

体长45-55厘米。全黑色，喙色浅，雄鸟头顶全红色，雌鸟仅枕部有红色，见于横断山区的个体，其头、颈部染绿色光泽。虹膜近白色，喙象牙色，脚灰色。

分布

国内见于东北、华北，以及青藏高原东缘、新疆阿尔泰山。国外分布于欧洲至小亚细亚、西伯利亚及日本。

大黄冠啄木鸟

Chrysophlegma flavinucha

鸟纲 / 啄木鸟目 / 啄木鸟科

形态特征

体长31-36厘米。全身以绿色为主，并具有明显黄色羽冠，雄鸟喉黄白色，雌鸟喉棕褐色，头顶、脸颊至腹部灰色，头顶无红色而区别于黄冠啄木鸟，飞羽具黑色和褐色横斑，体羽余部绿色，尾黑色。虹膜近红色，喙绿灰色，脚绿灰色。

分布

国内见于西藏东南部至云南、四川，也见于福建、广西、海南。国外分布于印度至东南亚。

国家重点保护野生动物
二级

IUCN
红色名录
LC

CITES
附录
未列入

黄冠啄木鸟

国家重点保护野生动物
二级

IUCN
红色名录
LC

CITES
附录
未列入

Picus chlorolophus

鸟纲 / 啄木鸟目 / 啄木鸟科

形态特征

体长23-27厘米。羽冠黄色，枕部冠羽具蓬松的黄色羽端。雄鸟脸部具红色眉纹、颊纹及白色颊线；雌鸟仅顶冠两侧带红色，头余部、下颏至颈部暗绿色，背、翼覆羽亮绿色，两胁具灰白相间横斑，飞羽黑色。虹膜红色，喙灰色，脚绿灰色。

分布

国内见于西藏东南部、云南、福建、海南。国外分布于巴基斯坦、尼泊尔、印度至东南亚。

红颈绿啄木鸟

Picus rabieri

鸟纲 / 啄木鸟目 / 啄木鸟科

形态特征

体长28厘米。具有红色领纹，雄鸟头顶、枕、领及髭须纹均红色，雌鸟头顶暗绿色，枕、领及髭纹红色。周身绿色，腹部色较浅，飞羽黑色而有白斑，尾羽黑色，腰色暗淡，胸腹两胁无斑纹。虹膜淡褐色，喙灰色而端色深，脚近灰色。

分布

国内曾分布于云南东南部，目前已经非常稀少。国外见于老挝和越南北部。

国家重点保护野生动物 二级 | IUCN 红色名录 NT | CITES 附录 未列入

大灰啄木鸟

国家重点保护野生动物 二级 | IUCN 红色名录 VU | CITES 附录 未列入

Mulleripicus pulverulentus

鸟纲 / 啄木鸟目 / 啄木鸟科

形态特征

体长45-50厘米。体型硕大，身形修长，通体灰色。雄鸟具红色颊斑，喉皮黄色，但略染红色，颈亦略染红色；雌鸟通体灰色仅喉皮黄色。虹膜深褐色，喙污白色，喙基、喙端灰色，脚深灰色。

分布

国内曾见于西藏东南部至云南，现已罕见。国外分布于印度北部至东南亚。

红腿小隼

Microhierax caerulescens

鸟纲 / 隼形目 / 隼科

形态特征

体长14-18厘米。雌雄颜色相似，头顶黑色，眼后具黑色眼纹并下弯至耳后，其余头部白色，喉、下腹、腿和尾下覆羽橘红色，胸腹白色或浅橙色，颈背白色，两翼和背部黑色，尾羽黑色，尾下覆羽具白色横斑。虹膜黑色，喙灰黑色，跗跖角质灰色。

分布

国内仅见于云南西南部。国外分布于印度东北部、中南半岛。

国家重点保护野生动物
二级

IUCN红色名录
LC

CITES附录
附录Ⅱ

白腿小隼

Microhierax melanoleucos

鸟纲 / 隼形目 / 隼科

形态特征

体长15-19厘米。雌雄两色相似，眼后至脸颊、耳后至颈侧具大块黑色斑，头顶黑色延至颈背，并与黑色上背相连，头部其余部分白色，形成白色前额和眉纹，眉纹从耳后延伸至颈侧与白色下体相连，颏喉、胸腹和尾下覆羽均为白色，两翼黑色且次级飞羽内侧具白色小点斑，尾下覆羽具白色横斑。虹膜黑色，喙灰黑色，跗跖角质灰色。

分布

国内见于江苏、安徽、浙江、福建、江西、广东、广西、贵州、云南。国外分布于印度、中南半岛。

国家重点保护野生动物
二级

IUCN 红色名录
LC

CITES 附录
附录Ⅱ

黄爪隼

Falco naumanni

鸟纲 / 隼形目 / 隼科

形态特征

体长29-34厘米。雄鸟整个头部包括脸颊灰色，上背深栗红色，两翼大覆羽灰色，飞羽黑色，尾羽灰色而具宽阔的黑色次端斑，尾端呈明显的楔形，胸部栗色较深，下体浅红褐色而具黑色点斑，下腹及臀染白色，似红隼雄鸟但脸颊无黑色髭纹，且上背无黑色斑点。雌鸟赤褐色而具宽阔的黑色横斑，飞羽黑色，尾羽同上背纹路，脸颊灰色较浅，眼下具不明显的黑色髭纹，胸腹浅皮黄色而具黑色纵纹，似红隼雌鸟但体型相对较小，髭纹不明显且爪为黄白色而非黑色。虹膜黑褐色，明黄色眼圈，喙蓝灰色而尖端黑色，喙基具黄色蜡膜，跗跖明黄色。

分布

国内见于东北、华北、西北至西南。国外广布于南欧、北非、西亚、中亚及西伯利亚南部，越冬于非洲、阿拉伯半岛、南亚。

国家重点保护野生动物
二级

IUCN
红色名录
LC

CITES
附录
附录Ⅱ

红隼

国家重点保护野生动物
二级

IUCN
红色名录
LC

CITES
附录
附录Ⅱ

Falco tinnunculus

鸟纲 / 隼形目 / 隼科

形态特征

体长31-38厘米。雄鸟脸颊、颏和喉苍白色，头顶至后枕灰色，眼后具短的黑色眉纹，眼下具长而明显的黑色髭纹，上背浅红褐色并具黑色横斑或鳞状斑，飞羽黑色，尾羽蓝灰色而具宽阔的黑色次端斑或不显著的白色端斑，下体浅红褐色而具黑色纵纹，下腹至臀红色较深而无斑纹。雌鸟脸颊纹路同雄鸟，头部和上体暗红褐色，具宽阔的黑褐色横纹，尾羽同上背颜色，具黑色次端斑和白色端斑，下体棕黄色并具粗黑色纵纹。虹膜黑褐色而具明黄色眼圈，喙蓝灰色而尖端黑色，喙基具黄色蜡膜，跗跖明黄色。

分布

国内广布于除沙漠腹地以外的几乎所有地域。国外广布于古北界和旧热带界，部分越冬于东洋界。

西红脚隼

Falco vespertinus

鸟纲 / 隼形目 / 隼科

形态特征

体长27-33厘米。雄鸟头、上体深灰色，下体浅灰色，下腹和臀羽棕红色，似红脚隼雄鸟但翼下覆羽灰黑色。雌鸟头和下体染棕色，颏、喉及脸颊白色，具黑色贯眼纹和髭纹，上背和两翼灰黑色并具鳞状斑，下体具稀疏的黑色纵纹，尾羽具黑色横斑。虹膜黑色具橘红色眼圈，喙橘红色且尖端深色，喙基具橘红色蜡膜，跗跖橘红色。

分布

国内见于新疆西北部。国外分布于东欧、中亚和西伯利亚西部，越冬于非洲南部。

国家重点保护野生动物

二级

IUCN 红色名录

VU

CITES 附录

附录Ⅱ

红脚隼

国家重点保护
野生动物
二级

IUCN
红色名录
LC

CITES
附录
附录Ⅱ

Falco amurensis

鸟纲 / 隼形目 / 隼科

形态特征

体长25-30厘米。雄鸟头、上体深烟灰色，下体浅灰色，尾下覆羽灰色，下腹、臀羽栗红色，似西红脚隼雄鸟但翼下覆羽为白色，仅飞羽黑色。雌鸟上体深烟灰色，具鳞状横纹，头部灰色而脸颊白色，具深灰色髭纹，颏、喉白色，上胸具黑色纵纹，下胸至腹部白色，具黑色矛状横斑，下腹和臀部染棕色，尾羽具黑色横斑，翼下覆羽白色且具黑色斑点。虹膜黑褐色具橘红色眼圈，喙橘红色且尖端深色，喙基具橘红色蜡膜，跗跖橘红色。

分布

繁殖于东北亚，迁徙经东亚、南亚和东南亚，越冬于非洲。国内见于大多数省区。

雄

雄

雌（左）雄（右）

雌

灰背隼

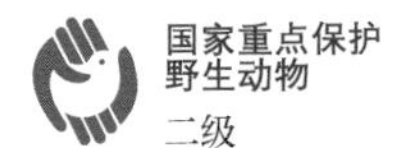
国家重点保护野生动物
二级

IUCN
红色名录
LC

CITES
附录
附录Ⅱ

Falco columbarius

鸟纲 / 隼形目 / 隼科

形态特征

体长27-32厘米。雄鸟头顶深灰色，头部棕褐色，具不明显的细白色眉纹，颏、喉白色，上背、两翼深灰色，飞羽黑色，尾灰色而具宽阔的黑色次端斑和不明显的白色端斑，下体棕褐色而具细黑色纵纹。雌鸟头、上体暗红褐色而具黑褐色横斑，有不明显白色眉纹，颏、喉白色，胸腹白色而具粗的棕褐色纵纹。虹膜黑褐色，喙蓝灰色而尖端黑色，喙基具黄色蜡膜，跗跖黄色。

分布

国内繁殖于西北，迁徙经东北、东部沿海和中西部的大部分地区，越冬于东南、长江以南，以及新疆西部、西藏东南部。国外广布于全北界中北部，越冬于全北界南部及其以南区域。

雌

雌

雄

雄

燕隼

Falco subbuteo

鸟纲 / 隼形目 / 隼科

形态特征

体长29-35厘米。雄鸟头顶、眼后黑色且延伸到枕后与深色上体相连，具白色眉纹，眼下具粗黑色髭纹，脸颊、颏、喉及胸腹白色，胸腹部具黑色纵纹，上体包括两翼深灰黑色或黑色，下腹、腿及臀羽栗红色。雌鸟似雄鸟但偏褐色，下腹和尾下覆羽也具细黑色纵纹。虹膜黑褐色而具黄色眼圈，喙蓝灰色且尖端黑色，喙基具黄色蜡膜，跗跖黄色。

分布

国内见于除沙漠腹地和青藏高原以外的所有地区，越冬于华南及西藏南部。国外广布于古北界，非繁殖季至中南半岛、南亚、非洲南部越冬。

国家重点保护野生动物
二级

IUCN 红色名录
LC

CITES 附录
附录Ⅱ

猛隼

Falco severus

鸟纲 / 隼形目 / 隼科

形态特征

体长24-30厘米。雌雄羽色相似，头部、上体灰黑色，颏、喉和颈侧黄白色，眼下黑色且不具明显髭纹，胸腹、尾下覆羽栗红色。虹膜黑褐色而具黄色眼圈，喙蓝灰色而尖端黑色，喙基具黄色蜡膜，跗跖黄色。

分布

国内分布于西藏南部、云南西部、广西、海南。国外见于印度至东南亚。

国家重点保护野生动物
二级

IUCN红色名录
LC

CITES附录
附录Ⅱ

猎隼

Falco cherrug

鸟纲 / 隼形目 / 隼科

形态特征

体长42-60厘米。雌雄羽色相似，头、上体棕褐色或灰褐色，具黑褐色横斑，不同颜色个体深浅差异较大，头顶具黑褐色细纹，脸颊白色，耳后、颈背斑驳，具不明显至宽阔的白色眉纹，眼下具黑褐色髭纹，两翼飞羽黑褐色，尾羽棕褐色而具黑褐色横斑，颏、喉及上胸白色，其余下体白色而具黑褐色点斑或者纵纹。虹膜黑褐色，具黄色眼圈，喙蓝灰色且尖端深色，喙基具黄色或灰色蜡膜，跗跖黄色或灰色。

分布

国内分布于东北、华北至西部的大多数省区，偶见于浙江、山东、江苏等地。国外繁殖于东欧、西亚、中亚及西伯利亚南部，越冬于非洲东部及印度北部。

国家重点保护野生动物
一级

IUCN
红色名录
EN

CITES
附录
附录Ⅱ

矛隼

Falco rusticolus

鸟纲 / 隼形目 / 隼科

形态特征

体长53-63厘米。体健壮，头的比例较大。翅膀短而宽大，尾羽较长。成鸟具有浅色、灰色、褐色等主要色型，除白色型之外，下体均具点状或者矛状斑纹。虹膜黑褐色，具黄色眼圈，喙蓝灰色且尖端深色，喙基具黄色或灰色蜡膜，跗跖黄色或灰色。

分布

国内偶见于新疆北部、黑龙江等地，为罕见冬候鸟。国外广泛分布于环北极圈地区。

国家重点保护野生动物

一级

IUCN 红色名录

LC

CITES 附录

附录 I

雄

浅色型未成鸟

游隼

Falco peregrinus

鸟纲 / 隼形目 / 隼科

形态特征

体长41-50厘米。雌雄羽色相似，体羽根据亚种不同而多变，上体、尾部深灰黑色，尾部具黑褐色横斑，头部黑色，颏、喉白色，具白色半领环，部分亚种半领环自后颊向耳后延伸而形成宽阔黑色髭纹（斑块），胸腹白色至深棕红色，且具黑色纵纹或者横纹，两腿具黑色横纹。虹膜黑褐色，具黄色眼圈，喙灰色且尖端深色，喙基具黄色或黄白色蜡膜，跗跖黄色。

分布

国内分布于除西北沙漠腹地和青藏高原以外的大部分地区。国外广布于全球各大洲。

国家重点保护野生动物
二级

IUCN红色名录
LC

CITES附录
附录 I

短尾鹦鹉

Loriculus vernalis

鸟纲 / 鹦鹉目 / 鹦鹉科

形态特征

体长13-15厘米。体型短小，喙红色，翼衬为青绿色而泛绿色，腰红色。雄鸟喉蓝色。虹膜黄色，喙红色，脚黄色。

分布

国内罕见于云南西南部和南部。国外分布于印度至东南亚。

国家重点保护野生动物
二级

IUCN
红色名录
LC

CITES
附录
附录Ⅱ

蓝腰鹦鹉

Psittinus cyanurus

鸟纲 / 鹦鹉目 / 鹦鹉科

形态特征

体长18-19.5厘米。体健硕。雄鸟头蓝灰色，上背黑色，下背至尾上覆羽深蓝紫色，下体黄绿色，翅绿色，翼覆羽边缘黄色，肩部具小块红色斑。飞行时可见翼下黑色，翼下覆羽和腋下红色。虹膜深褐色，上喙红色而下喙深褐色，脚灰色。

分布

国内仅在云南有过一笔迷鸟记录。国外见于印度尼西亚、中南半岛。

国家重点保护野生动物
二级

IUCN
红色名录
NT

CITES
附录
附录Ⅱ

亚历山大鹦鹉

Psittacula eupatria

鸟纲 / 鹦鹉目 / 鹦鹉科

形态特征

体长50-58厘米。体大，头显得方而大，通体绿色，红色肩斑区别于外形相近的红领绿鹦鹉。雄鸟枕偏蓝色，狭窄的黑色颊纹延至颈侧宽阔的粉色领圈之上；雌鸟整个头均为绿色，尾长、色蓝而端黄色。虹膜黄色，喙红色，蜡膜蓝色，脚肉色。

分布

国内分布于云南西部和西南部，引种至香港。国外见于阿富汗、南亚至东南亚。

 国家重点保护野生动物 二级

 IUCN 红色名录 NT

 CITES 附录 附录Ⅱ

红领绿鹦鹉

Psittacula krameri

鸟纲 / 鹦鹉目 / 鹦鹉科

形态特征

体长38-42厘米。尾长，头显得圆而较小。雄鸟枕偏蓝色，狭窄的黑色颊纹延至颈侧狭窄的粉色领圈之上；雌鸟整个头均为绿色，通体绿色，尾蓝色而端黄色。虹膜黄色，喙红色，蜡膜蓝色，脚肉色。

分布

国内分布于云南极西部，引种至香港，也见于澳门。国外分布于非洲东部、印度至东南亚，引种至欧洲。

国家重点保护野生动物
二级

IUCN
红色名录
LC

CITES
附录
附录Ⅱ

雌（左）雄（右）

青头鹦鹉

Psittacula himalayana

鸟纲 / 鹦鹉目 / 鹦鹉科

形态特征

体长39-41厘米。外形甚似灰头鹦鹉，体小，仅头色更深，尾羽更短。虹膜黄色，喙上颚朱红色，喙尖黄色，下喙黄色，脚灰色或肉色。

分布

国内见于西藏南部。国外分布于阿富汗、巴基斯坦、印度、尼泊尔。

国家重点保护野生动物
二级

IUCN 红色名录
LC

CITES 附录
附录Ⅱ

灰头鹦鹉

Psittacula finschii

鸟纲 / 鹦鹉目 / 鹦鹉科

形态特征

体长36-40厘米。头青灰色，喉黑色，具特征性栗色肩斑，尾羽延长而端黄色，与外形近似的花头鹦鹉比，其喉黑色而头部灰色更深。虹膜黄色，喙上颚朱红色，喙尖黄色，下喙黄色，脚灰色或肉色。

分布

国内在云南和四川西南部为留鸟。国外见于印度至东南亚。

国家重点保护野生动物
二级

IUCN
红色名录
NT

CITES
附录
附录Ⅱ

雄

花头鹦鹉

Psittacula roseata

鸟纲 / 鹦鹉目 / 鹦鹉科

形态特征

体长30-36厘米。尾长，头非常圆。雄鸟头部玫瑰粉色，枕部染紫罗兰色，喉部黑色延伸成狭窄的黑色颈环，翼上有小块的深栗色肩斑，尾羽蓝色而端黄色；雌鸟头灰色，喉无黑色，也无颈环，与外形相似的灰头鹦鹉雌鸟区别在于颏的颜色而头色浅，喙色不同。虹膜黄色，上喙黄色而下喙深灰色，脚灰色。

分布

国内曾见于广西、广东、云南，在西藏东南部可能也有分布。国外分布于东南亚及印度。

国家重点保护野生动物
二级

IUCN 红色名录
NT

CITES 附录
附录Ⅱ

大紫胸鹦鹉

Psittacula derbiana

鸟纲 / 鹦鹉目 / 鹦鹉科

形态特征

体长37–50厘米。体大，头显得圆而大，胸部为紫色。雄鸟眼周及额淡绿色，前顶冠染蓝色。雌鸟前顶冠颜色比雄鸟暗淡，头、胸紫蓝灰色，具宽的黑色髭纹，狭窄的黑色额带延伸成眼线，尾长，中央尾羽渐变为偏蓝色，与其他头部灰色的鹦鹉区别在于颈、胸的上部至上腹部为葡萄紫色，肩部无栗色斑。虹膜黄色，喙雄鸟上喙红色、下喙黑色，雌鸟喙全黑色，脚灰色。

分布

国内常见于西藏东南部、四川西南部、云南西部和西北部。国外分布于印度东北部。

国家重点保护野生动物
二级

IUCN 红色名录
NT

CITES 附录
附录II

雄

雄

雄

绯胸鹦鹉

国家重点保护野生动物
二级

IUCN 红色名录
NT

CITES 附录
附录Ⅱ

Psittacula alexandri

鸟纲 / 鹦鹉目 / 鹦鹉科

形态特征

体长33-38厘米。色彩鲜艳，尾长，头略显方形。成鸟头顶、脸颊紫灰色，眼先黑色，枕、背、两翼及尾绿色，具显著黑色髭纹，胸灰色而染粉红色，腿、臀浅绿色。亚成鸟头黄褐色，黑色髭纹不显。虹膜黄色，喙雄鸟上喙红色而下喙黑色，雌鸟喙黑褐色，脚灰色。

分布

国内见于西藏东南部、云南、广西、广东、海南。国外分布于南亚和东南亚。

双辫八色鸫

Pitta phayrei

鸟纲 / 雀形目 / 八色鸫科

形态特征

体长20-24厘米。体羽以棕褐色为主，头具黑色顶冠纹，耳羽簇白色而具黑色斑纹，延长至枕后而成辫状，下颊纹皮黄色，背棕褐色，翅具黑色和红棕色斑点，喉白色，胸至下腹黄棕色，胸侧和两胁沾黑色点斑，尾羽深棕色，尾下覆羽粉红色。雌鸟与雄鸟相似，但黑色部位为褐色。虹膜黑褐色，喙黑色，脚肉红色。

分布

国内见于云南极南部。国外分布于东南亚。

 国家重点保护野生动物 二级

 IUCN 红色名录 LC

 CITES 附录 未列入

雄

蓝枕八色鸫

Pitta nipalensis

鸟纲 / 雀形目 / 八色鸫科

形态特征

体长22-25厘米。头部棕灰色，具不明显的黑色过眼纹，头顶至颈背天蓝色，上背至尾橄榄绿色染棕色，下体黄褐色。雌鸟似雄鸟，但枕部为黄褐色而非蓝色。似蓝背八色鸫但头顶前部褐色面积更大，且腰部不染蓝色。虹膜褐色，喙褐色，脚肉红色。

分布

国内见于西藏东南部、云南、广西。国外分布于尼泊尔及东南亚北部。

 国家重点保护野生动物 二级

 IUCN 红色名录 LC

 CITES 附录 未列入

雄

蓝背八色鸫

Pitta soror

鸟纲 / 雀形目 / 八色鸫科

形态特征

体长22-24厘米。体以橄榄褐色为主，头前额和颊部灰棕色，具棕黑色贯眼纹，头顶至背部青蓝色，两翼翠绿色染棕色，胸腹黄棕色，腰青蓝色。雌鸟似雄鸟但更偏褐色，头顶青蓝色更偏绿色。似蓝枕八色鸫但枕和后颈部蓝色偏绿且腰染蓝色。虹膜褐色，喙角质色，脚肉色。

分布

国内分布于云南东南部、广西西南部、海南。国外分布于东南亚中北部。

 国家重点保护野生动物
二级

 IUCN 红色名录
LC

 CITES 附录
未列入

栗头八色鸫

Pitta oatesi

鸟纲 / 雀形目 / 八色鸫科

形态特征

体长23-25厘米。背部以绿色为主，头颈至胸腹部茶栗色，下腹染灰色，过眼纹黑色，背、两翼蓝绿色。雌鸟似雄鸟而色暗，腰部蓝色较淡。与蓝枕八色鸫和蓝背八色鸫的区别在于枕部至后颈为栗褐色。虹膜黑色，喙角质色，脚肉褐色。

分布

国内分布于云南西部、南部和东南部地区。国外分布于中南半岛。

国家重点保护野生动物

二级

IUCN 红色名录

LC

CITES 附录

未列入

雄

雄

蓝八色鸫

Pitta cyaneus

鸟纲 / 雀形目 / 八色鸫科

形态特征

体长23-24厘米。体蓝色而艳丽，雄鸟头赭灰色，具黑色贯眼纹，下颊纹、侧顶纹后端橘红色，背部天蓝色，喉白色，胸腹白色至浅蓝色且密布黑色点斑，腰、尾蓝色；雌鸟似雄鸟，但颜色较为暗淡。虹膜黑褐色，喙黑色，脚肉褐色。

分布

国内分布于云南南部。国外分布于南亚东北部和中南半岛北部。

国家重点保护野生动物

二级

IUCN 红色名录

LC

CITES 附录

未列入

雄

雌

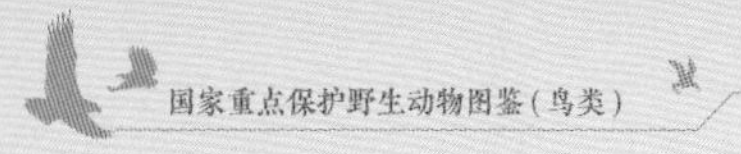

绿胸八色鸫

Pitta sordida

鸟纲 / 雀形目 / 八色鸫科

形态特征

体长16-19厘米。胸部绿色，头黑色，细顶冠纹黑褐色，宽阔的侧冠纹棕色延至枕后，其余体色绿色，翼上小覆羽具蓝绿色闪斑，下腹、尾下覆羽红色，上腹中央具一黑褐色斑。雌雄相似。虹膜黑色，喙黑色，脚粉色。

分布

国内繁殖于云南南部和东南部、西藏东南部，偶见于宁夏、四川、台湾。国外广泛分布于孟加拉国、尼科巴群岛、东南亚及印度东北部。

国家重点保护野生动物
二级

IUCN
红色名录
LC

CITES
附录
未列入

仙八色鸫

Pitta nympha

鸟纲 / 雀形目 / 八色鸫科

形态特征

体长16-20厘米。色彩艳丽，具乳黄色眉纹，具较粗的黑色贯眼纹，侧顶纹宽而棕色，顶冠纹黑色，上背翠绿色，喉至下体淡黄白色，尾下覆羽至上腹红色。雌雄体色相似。似蓝翅八色鸫，但两翼、腰及尾上覆羽具天蓝色斑块，下体色浅。虹膜褐色，喙黑色，脚肉粉色。

分布

国内繁殖于自河北至云南南部一线东侧的各省区，包括台湾和海南，偶见于辽宁，迁徙季节见于东部大多数地区，迷鸟见于甘肃。国外繁殖于日本、朝鲜半岛，越冬于加里曼丹岛。

蓝翅八色鸫

Pitta moluccensis

鸟纲 / 雀形目 / 八色鸫科

形态特征

体长16-20厘米。色彩靓丽，具茶褐色眉纹，头具宽阔的黑色眼罩，顶冠纹细且为黑色，侧顶纹皮黄色，上背翠绿色，翼具大块蓝紫色闪斑，喉乳白色，胸腹肉桂红色，尾下覆羽至上腹红色。雌雄体色相似。似仙八色鸫，但两翼、腰及尾上覆羽具紫蓝色斑块，下体偏红棕色。虹膜黑褐色，喙黑色，脚肉褐色。

分布

国内繁殖于云南极南部，迁徙季节见于广东，迷鸟见于台湾。国外见于东南亚。

国家重点保护野生动物
二级

IUCN
红色名录
LC

CITES
附录
未列入

长尾阔嘴鸟

Psarisomus dalhousiae

鸟纲 / 雀形目 / 阔嘴鸟科

形态特征

体长20-28厘米。全身亮绿色，额、眼后和下喉形成黄色三角区域，后枕蓝灰色，耳部具黄色点斑，其他头部区域黑色，背部、两翼及腰部亮绿色，翼尖黑色，下腹蓝绿色，尾蓝色，呈楔形。虹膜褐色，喙黄绿色，脚黄绿色。

分布

国内分布于云南、贵州、广西。国外分布于印度、尼泊尔、孟加拉国，以及东南亚。

国家重点保护野生动物
二级

IUCN
红色名录
LC

CITES
附录
未列入

银胸丝冠鸟

Serilophus lunatus

鸟纲 / 雀形目 / 阔嘴鸟科

形态特征

体长15-18厘米。灰棕色的阔嘴鸟，头具宽阔的黑色贯眼纹，头至上背灰色染棕色，下背至腰棕红色，前胸银灰色，腹部白色，翼上具大块蓝色和橘黄色块斑，尾黑色，两侧白色。雌鸟似雄鸟，但上胸具一条醒目的细白色横带。虹膜褐色，喙蓝灰色而基部橙黄色，脚黄绿色。

分布

国内分布于西藏东南部、云南、广西、海南。国外分布于尼泊尔、不丹、印度，以及东南亚。

国家重点保护野生动物
二级

IUCN 红色名录
LC

CITES 附录
未列入

鹊鹂

Oriolus mellianus

鸟纲 / 雀形目 / 黄鹂科

形态特征

体长24-28厘米。身体银白色。雄鸟头、颈和上胸辉黑色，两翼黑褐色且无明显翼斑，尾上覆羽栗红色，臀部栗红色而具白色鳞状斑，其余体羽银灰色；雌鸟似雄鸟但颜色暗淡，上背深灰色，颏、喉至下腹白色，具黑色纵纹。虹膜黄白色，喙灰白色，脚铅灰色。

分布

国内分布于四川中南部、重庆、贵州、广西、广东北部。国外越冬于中南半岛。

国家重点保护野生动物 二级

IUCN 红色名录 EN

CITES 附录 未列入

小盘尾

Dicrurus remifer

鸟纲 / 雀形目 / 卷尾科

形态特征

体长25-27厘米。中等体型的辉黑色卷尾，雌雄体色相近，通体黑色而具蓝绿色光泽，前额具绒状簇羽，最外侧尾羽羽轴特型延长，末端具勺状羽片。似大盘尾但前额簇羽不明显且尾端平直。虹膜红色，喙黑色，脚黑色。

分布

国内分布于西藏东南部、云南、广西。国外分布于尼泊尔、不丹、印度至东南亚。

国家重点保护野生动物 二级

IUCN 红色名录 LC

CITES 附录 未列入

大盘尾

Dicrurus paradiseus

鸟纲 / 雀形目 / 卷尾科

形态特征

体长约35厘米（不包括最外侧尾羽）。通体黑色具蓝绿色光泽，头顶具蓬松羽冠自前额至枕后而不同于其他卷尾，尾羽略为分叉，外侧尾羽极度延长可至30-35厘米，末端具勺状羽片。虹膜暗红色，喙黑色，脚黑色。

分布

国内分布于西藏东南部、云南、海南。国外分布于印度和东南亚。

国家重点保护野生动物
二级

IUCN
红色名录
LC

CITES
附录
未列入

黑头噪鸦

Perisoreus internigrans

鸟纲 / 雀形目 / 鸦科

形态特征

体长29-32厘米。通体羽色灰黑色，头上部、两翼颜色更黑。与其他小型鸦类的区别在于喙黄色。虹膜黑褐色，喙角质黄色，脚黑色。

分布

中国鸟类特有种。仅分布于四川北部和西北部、甘肃西部、青海东南部、西藏东北部。

国家重点保护野生动物 一级

IUCN 红色名录 NT

CITES 附录 未列入

蓝绿鹊

Cissa chinensis

鸟纲 / 雀形目 / 鸦科

形态特征

体长36-38厘米。体羽鲜绿色，具宽阔黑色贯眼纹且延长至枕后，头顶偏黄色，具羽冠，两翼棕褐色，次级飞羽具白色端斑和黑色次端斑，尾长而呈楔形，两侧尾羽具白色端斑和黑色次端斑。虹膜红褐色且具红色眼圈，喙鲜红色，脚鲜红色。

分布

国内见于西藏东南部、云南南部、广西西南部。国外分布于印度、孟加拉国至东南亚。

国家重点保护野生动物
二级

IUCN红色名录
LC

CITES附录
未列入

黄胸绿鹊

Cissa hypoleuca

鸟纲 / 雀形目 / 鸦科

形态特征

体长31-34厘米。全身黄绿色，颏、喉至胸染鲜黄色，头具黑色宽贯眼纹且延长至枕后，两翼棕褐色且次级飞羽具浅色端斑，无黑色次端斑，尾较蓝绿鹊为短，呈楔形，两侧尾羽具白色端斑和黑色次端斑，中央尾羽具浅色端斑。虹膜红褐色，具红色眼圈，喙鲜红色，脚鲜红色。

分布

国内分布于四川中南部、广西西南部、海南。国外分布于中南半岛。

 国家重点保护野生动物 二级

 IUCN红色名录 LC

 CITES附录 未列入

黑尾地鸦

Podoces hendersoni

鸟纲 / 雀形目 / 鸦科

形态特征

体长28-31厘米。体以沙褐色为主，头顶至枕后黑色，具辉蓝色光泽，两翼辉蓝黑色，初级飞羽白色，具黑色翼尖而形成大块白斑，尾蓝黑色。似白尾地鸦，但尾黑色且颊和喉黄白色。虹膜黑褐色，喙黑色，脚黑色。

分布

国内分布于甘肃、青海、宁夏、内蒙古、新疆。国外分布于塔吉克斯坦和蒙古。

 国家重点保护野生动物 二级

 IUCN红色名录 LC

 CITES附录 未列入

白尾地鸦

Podoces biddulphi

鸟纲 / 雀形目 / 鸦科

形态特征

体长29-30厘米。体型较小，全身呈沙褐色，头顶至枕后具辉蓝黑色冠羽，下颊和喉黑色，两翼蓝黑色，次级飞羽具白色羽缘，初级飞羽白色且具黑色翼尖，尾白色，中央尾羽具黑色羽轴。似黑尾地鸦，但尾白色且颊黑色。虹膜黑褐色，喙黑色，脚黑色。

分布

中国鸟类特有种。仅分布于新疆西部和西南部。

国家重点保护野生动物
二级

IUCN红色名录
NT

CITES附录
未列入

白眉山雀

Poecile superciliosus

鸟纲 / 雀形目 / 山雀科

形态特征

体长13-14厘米。具有显著白眉，头顶黑色，头部具黑色过眼纹，白色眉纹长而显著，前端延伸至额基，后端延伸至后颈，喉部黑色，上体橄榄褐色，下体黄褐色。虹膜褐色，喙黑色，脚黑色。

分布

中国鸟类特有种。仅分布于青海、甘肃、四川、西藏。

国家重点保护野生动物
二级

IUCN
红色名录
LC

CITES
附录
未列入

红腹山雀

IUCN
红色名录
LC

Poecile davidi

鸟纲 / 雀形目 / 山雀科

形态特征

体长11-13厘米。头顶、喉部黑色，脸颊白色，上体橄榄灰色，下体棕红色。虹膜深色，喙黑色，脚铅黑色。

分布

中国鸟类特有种。仅分布于甘肃甘南、陕西南部、四川大部、湖北西部。

歌百灵

Mirafra javanica

鸟纲 / 雀形目 / 百灵科

形态特征

体长14厘米。体小而偏红色的百灵。头偏红色而具黑色纵纹，上体暗褐色，羽缘棕色，翅褐色而具宽阔的棕色羽缘，飞行时尤显。尾短，最外侧尾羽白色。虹膜褐色，喙角质褐色，脚肉褐色。

分布

国内分布于广西、广东、香港、海南。国外分布于东南亚至澳大利亚。

国家重点保护野生动物
二级

IUCN红色名录
LC

CITES附录
未列入

蒙古百灵

Melanocorypha mongolica

鸟纲 / 雀形目 / 百灵科

形态特征

体长17-22厘米。头顶中部棕黄色，头四周栗红色，眉纹长而呈棕白色，上体栗褐色，翅具明显的白斑，下体白色，上胸两侧各具一黑色块斑。虹膜褐色，喙褐色，下喙基部近黄色，脚橘黄色。

分布

国内分布于西北、东北、华北。国外分布于俄罗斯、蒙古、朝鲜半岛。

国家重点保护野生动物
二级

IUCN红色名录
LC

CITES附录
未列入

云雀

Alauda arvensis

鸟纲 / 雀形目 / 百灵科

形态特征

体长16-18厘米。身体灰褐色，头具冠羽，眉纹白色或棕白色，面颊栗色，最外侧一对尾羽白色，翼后缘白色。虹膜暗褐色，喙黑褐色，脚肉色。

分布

国内繁殖于黑龙江、吉林、内蒙古、河北、新疆等地，主要越冬于华北至黄河以南广大区域。国外分布于欧洲、非洲、亚洲。

国家重点保护野生动物
二级

IUCN 红色名录
LC

CITES 附录
未列入

细纹苇莺

Acrocephalus sorghophilus

鸟纲 / 雀形目 / 苇莺科

形态特征

体长12-13厘米。上体黄褐色，头顶至后颈具黑色细纵纹，上背具黑色粗纵纹，黑色侧冠纹较细，眉纹浅色。飞羽和翼覆羽黑褐色而羽缘黄褐色，形成对比。下体淡皮黄色，喉、尾下覆羽白色，翅长而尾短。虹膜暗褐色，上喙黑褐色，下喙肉黄色，脚橄榄褐色。

分布

国内有记录分布于东北、华北、华中，以及福建和台湾。国外分布于菲律宾。

国家重点保护野生动物
二级

IUCN 红色名录
CR

CITES 附录
未列入

台湾鹎

Pycnonotus taivanus

鸟纲 / 雀形目 / 鹎科

形态特征

体长18-19厘米。头顶至后颈全为黑色，枕无白带，颊和耳羽白色。虹膜褐色，喙黑色，下喙基部有一橙红色小斑点，脚黑色。

分布

中国鸟类特有种。仅分布于台湾。

国家重点保护野生动物
二级

IUCN 红色名录
VU

CITES 附录
未列入

金胸雀鹛

Lioparus chrysotis

鸟纲 / 雀形目 / 莺鹛科

形态特征

体长10-11厘米。头、喉、胸和后颈黑色，具白色顶冠纹和白色絮状耳斑，上背橄榄绿色，下胸至腹和尾下覆羽橙黄色而不同于其他雀鹛，两翼黑色具橙色翼斑，初级飞羽羽缘橙黄色，次级飞羽羽缘白色，尾羽黑色，两侧基部橙红色。虹膜黑色，喙角质灰色，脚粉色。

分布

国内见于西藏东南部、云南、四川、重庆、贵州、甘肃、陕西、湖北、湖南、广东。国外分布于缅甸、越南等地。

国家重点保护野生动物
二级

IUCN 红色名录
LC

CITES 附录
未列入

宝兴鹛雀

Moupinia poecilotis

鸟纲 / 雀形目 / 莺鹛科

形态特征

体长13-15厘米。头部棕褐色，具不明显的细白色眉纹，脸颊灰色而具斑驳的白色横纹，上体包括两翼和楔形尾棕褐色，颏、喉至上胸白色，有时膨起，下体皮黄色而两胁和尾下覆羽灰褐色。虹膜黑色，喙角质灰色，脚粉褐色至角质褐色。

分布

中国鸟类特有种。仅见于云南西北部，四川北部、西部、中南部和西南部。

 国家重点保护野生动物 二级

 IUCN 红色名录 LC

 CITES 附录 未列入

中华雀鹛

Fulvetta striaticollis

鸟纲 / 雀形目 / 莺鹛科

形态特征

体长12-14厘米。整个上体包括两翼和尾上覆羽灰褐色，头和上背具不明显的深色纵纹，飞羽具浅色羽缘，喉部具黑色细纵纹，下体浅灰白色。虹膜黄白色，上喙角质褐色，下喙浅色，脚角质褐色。

分布

中国鸟类特有种。分布于甘肃、四川、青海南部、西藏东部、云南西北部。

 国家重点保护野生动物 二级

 IUCN 红色名录 LC

 CITES 附录 未列入

三趾鸦雀

Cholornis paradoxus

鸟纲 / 雀形目 / 莺鹛科

形态特征

体长18-20厘米。具有浅白色前额，白色眼眶宽阔而明显，脚仅具三趾。虹膜黑色，喙黄色，脚角质褐色。

分布

中国鸟类特有种。仅分布于陕西南部、甘肃南部、四川北部和中南部。

国家重点保护野生动物
二级

IUCN 红色名录
LC

CITES 附录
未列入

白眶鸦雀

Sinosuthora conspicillata

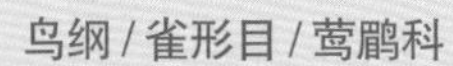

鸟纲 / 雀形目 / 莺鹛科

形态特征

体长12-14厘米。头顶至后颈栗褐色，下颊至下体粉褐色，上体、两翼及尾上覆羽棕褐色。虹膜黑褐色，白色眼眶明显，喙肉黄色，脚角质黄色至粉褐色。

分布

中国鸟类特有种。分布于青海东北部、甘肃南部、陕西南部、四川、重庆、湖北、湖南。

国家重点保护野生动物
二级

IUCN红色名录
LC

CITES附录
未列入

暗色鸦雀

Sinosuthora zappeyi

鸟纲 / 雀形目 / 莺鹛科

形态特征

体长12-13厘米。雌雄羽色相似，头、颈、上背、喉、胸灰色而具羽冠，其余部位为棕褐色。虹膜黑褐色，具明显白色眼眶，喙黄色，脚角质灰色。

分布

中国鸟类特有种。仅分布于四川西南部、云南东北部、贵州西北部。

国家重点保护野生动物
二级

IUCN
红色名录
VU

CITES
附录
未列入

灰冠鸦雀

Sinosuthora przewalskii

鸟纲 / 雀形目 / 莺鹛科

形态特征

体长13-15厘米。体羽具特别的葡萄棕色，头具灰色顶冠，额、眉纹黑色，脸颊灰色染葡萄红色，上体和尾上覆羽橄榄褐色，喉至下胸灰色，下腹至尾下覆羽棕红色。虹膜黑褐色，喙肉色，脚角质灰色。

分布

中国鸟类特有种。仅分布于甘肃南部和四川北部。

国家重点保护野生动物
一级

IUCN 红色名录
LC

CITES 附录
未列入

短尾鸦雀

Neosuthora davidiana

鸟纲 / 雀形目 / 莺鹛科

形态特征

体长9.5-10厘米。头栗褐色，喉黑色，上背棕褐色至灰褐色，下体灰色而染棕红色，尾羽棕红色。较其他鸦雀尾的比例明显为短。虹膜黑褐色，喙肉色，脚肉色。

分布

国内见于安徽、湖南、江西、浙江、福建、广东、广西、云南。国外分布于中南半岛。

震旦鸦雀

Paradoxornis heudei

鸟纲 / 雀形目 / 莺鹛科

国家重点保护野生动物 二级

IUCN红色名录 NT

CITES附录 未列入

形态特征

体长18-20厘米。头、后颈、喉和前胸灰色，具宽阔的黑褐色侧冠纹，眼先黑色，上体浅棕色而具深色纵纹，两翼具浅色翼斑，下体黄棕色，尾呈楔形，中央尾羽黄棕色，两侧黑色而具白色端斑。虹膜黑褐色，喙黄色，脚角质黄色至粉褐色。

分布

国内见于东北至华东沿海。国外仅边缘分布于蒙古和俄罗斯。

红胁绣眼鸟

CITES
附录
未列入

Zosterops erythropleurus

鸟纲 / 雀形目 / 绣眼鸟科

形态特征

体长10.5-11.5厘米。头、上背体羽橄榄绿色，具明显白色眼圈，眼先深色，喉部黄色，胸腹部白色且胸部灰色较重，两胁橙红色而不同于其他绣眼鸟，尾下覆羽明黄色。虹膜红褐色，喙蓝灰色，脚灰黑色。

分布

国内繁殖于东北、华北、华中、西南，越冬于西南和华南。国外分布于东北亚和中南半岛。

淡喉鹩鹛

国家重点保护野生动物
二级

IUCN 红色名录
VU

CITES 附录
未列入

Spelaeornis kinneari

鸟纲 / 雀形目 / 林鹛科

形态特征

体长10厘米。黑色髭纹明显，胸腹颜色较深，下体鳞纹重。虹膜红褐色，喙角质黑色，脚粉褐色。

分布

国内见于广西局部地区、云南东南部、重庆。国外分布于越南。

弄岗穗鹛

Stachyris nonggangensis

鸟纲 / 雀形目 / 林鹛科

形态特征

体长18厘米。通体黑褐色，头部和下体更偏黑色，耳后具月牙状白斑，前额和颏部具硬穗状羽，喉部具白色斑。较其他穗鹛体型明显大且缺棕色。虹膜蓝白色，喙角质黑色而尖端色浅，脚角质褐色。

分布

中国鸟类特有种。仅分布于广西的西南部。

 国家重点保护野生动物 二级

 IUCN 红色名录 VU

 CITES 附录 未列入

金额雀鹛

Schoeniparus variegaticeps

鸟纲 / 雀形目 / 幽鹛科

形态特征

体长10-11.5厘米。前额金黄色，头顶具细黑色纵纹，后枕栗色，脸乳白色，下颊具黑色块斑，上背灰褐色，下体白色染灰色，两翼具橙色翼斑，尾羽基部橙黄色。前额金黄色且无深色眼纹。虹膜黑色，喙橘黄色，脚橘黄色。

分布

中国鸟类特有种。仅分布于四川中南部、广西中东部和北部。

 国家重点保护野生动物 一级

 IUCN 红色名录 VU

 CITES 附录 未列入

大草鹛

Babax waddelli

鸟纲 / 雀形目 / 噪鹛科

形态特征

体长31-34厘米。雌雄羽色相似，通体具白色和灰褐色纵纹，颊部颜色较淡，颏、喉及胸部污白色。虹膜黄白色，喙角质黑色，脚角质黑色。

分布

国内仅分布于西藏南部。国外边缘分布于尼泊尔和不丹。

国家重点保护野生动物
二级

IUCN
红色名录
NT

CITES
附录
未列入

棕草鹛

Babax koslowi

鸟纲 / 雀形目 / 噪鹛科

形态特征

体长28-30厘米。通体棕红色，头部、脸颊颜色较深，喉部污白色，颈背具污白色细纹，两翼飞羽的羽缘灰白色。虹膜黄白色，喙角质黑色，脚角质黑色。

分布

中国鸟类特有种。仅分布于西藏东南部、青海南部和四川西部。

国家重点保护野生动物
二级

IUCN
红色名录
NT

CITES
附录
未列入

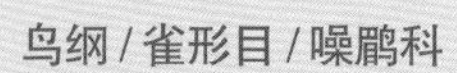

画眉

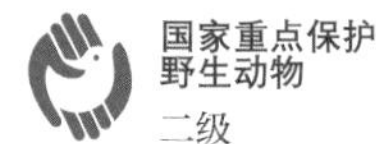

国家重点保护野生动物 二级　IUCN红色名录 LC　CITES附录 附录Ⅱ

Garrulax canorus

鸟纲 / 雀形目 / 噪鹛科

形态特征

体长21-24厘米。通体棕褐色而具细黑色纵纹，头顶纵纹明显，具白色眼圈且在眼后形成眼纹，延长至耳部，眼周具少量浅蓝色裸皮，下腹灰白色。虹膜浅黄褐色，上喙角质灰色，下喙牙黄色，脚粉褐色。

分布

国内广布于长江流域及其以南的华中、西南、华南、华东，包括海南，台湾有逃逸种群。国外分布于中南半岛北部。

海南画眉

Garrulax owstoni

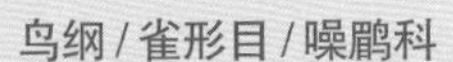

鸟纲 / 雀形目 / 噪鹛科

形态特征

体长19-23厘米。雌雄体羽相似，通体棕褐色，具有白色眼圈且在延后形成白色眼纹，但较画眉略短，上体褐色偏橄榄色。上喙角质灰色，下喙牙黄色，跗跖粉褐色。

分布

中国鸟类特有种。分布于海南山地森林。也有观点认为其为画眉*Garrulax canorus*的海南亚种。

国家重点保护野生动物
二级

IUCN 红色名录
NE

CITES 附录
未列入

台湾画眉

Garrulax taewanus

鸟纲 / 雀形目 / 噪鹛科

形态特征

体长21-24厘米。形态似画眉，但通体颜色更偏褐色而非棕红色，无白色眼圈且眉纹浅色，不明显至缺失，通体特别是上背和头顶的纵纹较之画眉更为明显。虹膜浅黄褐色，喙牙黄色，脚黄褐色。过去多作为画眉*Leucodioptron canorum*亚种，现多数分类观点认为其为独立种。

分布

中国鸟类特有种。分布于台湾。

国家重点保护野生动物
二级

IUCN 红色名录
NT

CITES 附录
附录II

褐胸噪鹛

Garrulax maesi

鸟纲 / 雀形目 / 噪鹛科

形态特征

体长28-30厘米。雌雄羽色相近，通体深灰色，颏、喉、前胸染浅褐色，眼周黑褐色，后颊和耳羽灰白色。虹膜黑褐色，喙角质黑色，脚角质褐色。

分布

国内见于西藏东南部、四川、云南、贵州、重庆、广西、广东。国外分布于越南北部。

国家重点保护野生动物

二级

IUCN红色名录

LC

CITES附录

未列入

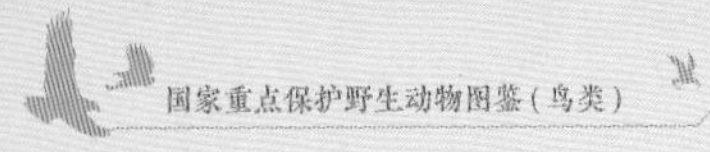

黑额山噪鹛

Garrulax sukatschewi

鸟纲 / 雀形目 / 噪鹛科

形态特征

体长27-31厘米。头部具黑色贯眼纹和下颊纹，颏黑色，下颊雪白色，上体橄榄褐色，两翼飞羽的羽缘灰白色，三级飞羽尖端白色，喉、颈侧至胸部葡萄红色染棕色，腹至臀羽棕红色，尾呈楔形，橄榄褐色，外侧尾羽偏灰色而末端白色。虹膜黑褐色，上喙角质褐色，下喙牙黄色，脚粉褐色。

分布

中国鸟类特有种。分布于甘肃南部、四川西北部和北部。

国家重点保护野生动物
一级

IUCN
红色名录
VU

CITES
附录
未列入

斑背噪鹛

Garrulax lunulatus

鸟纲 / 雀形目 / 噪鹛科

形态特征

体长23-26厘米。头土褐色而具白色眼罩，体羽黄褐色，背部体羽由黑色次端斑和棕白色端斑形成鳞状斑，颈侧、胸至下腹同样具有由黑色次端斑和棕色端斑所构成的鳞状斑，两翼具黑色和棕白色排列的翼斑，初级飞羽的羽缘灰白色，尾羽棕褐色，尖端白色，两侧尾羽灰白色具白色端斑和黑色次端斑。虹膜蓝白色，上喙角质褐色，下喙肉褐色，脚肉褐色。

分布

中国鸟类特有种。分布于宁夏南部、甘肃南部、陕西南部、湖北西部、重庆北部和东部、四川中西部和中南部。

国家重点保护野生动物
二级

IUCN 红色名录
LC

CITES 附录
未列入

白点噪鹛

Garrulax bieti

鸟纲 / 雀形目 / 噪鹛科

形态特征

体长25-28厘米。似斑背噪鹛，但体型略显粗壮，背部和胸腹的斑纹多为点状斑而非鳞状斑，端斑均为纯白色，颈侧和两胁也具明显的雪白色点斑。虹膜蓝白色，喙牙黄色，脚肉褐色。

分布

中国鸟类特有种。分布于四川西南部和云南西北部。

 国家重点保护野生动物 一级

 IUCN 红色名录 VU

 CITES 附录 未列入

大噪鹛

Garrulax maximus

鸟纲 / 雀形目 / 噪鹛科

形态特征

体长32-36厘米。头顶至枕后黑褐色，下颊纹黑褐色，脸颊和颏部棕红色，上体栗褐色，下体棕褐色，上体包括两翼和尾基密布黑色带白色端斑的斑点，初级飞羽具灰白色羽缘，尾较长，棕褐色，外侧尾羽尖端白色。似眼纹噪鹛，但体型较大，胸腹横纹较少且不延伸至下腹。虹膜黑褐色，喙角质黑色，脚肉褐色至角质褐色。

分布

中国鸟类特有种。仅分布于甘肃南部、青海东南部、四川西部、西藏东南部、云南西北部。

 国家重点保护野生动物 二级

 IUCN红色名录 LC

 CITES附录 未列入

眼纹噪鹛

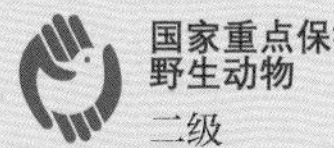
国家重点保护野生动物
二级

IUCN
红色名录
LC

CITES
附录
未列入

Garrulax ocellatus

鸟纲 / 雀形目 / 噪鹛科

形态特征

体长30-34厘米。似大噪鹛，但体型较小，体羽相似但更偏棕褐色，颏、喉为黑色而非棕红色。诸亚种耳羽颜色多有不同，亚种*ocellatus*和*maculipectus*似大噪鹛，前者皮黄色眉纹明显而耳羽栗红色，后者耳羽皮黄色；分布于国内大部的*artemisiae*亚种耳羽黑色且与顶冠和喉部相连形成黑色头罩。虹膜黄白色，喙角质黑色，脚角质褐色至粉褐色。

分布

国内见于西藏南部、云南、甘肃、四川、重庆、湖北、广西东北部。国外分布于尼泊尔、不丹等地，经印度东北部至缅甸。

黑喉噪鹛

Garrulax chinensis

鸟纲 / 雀形目 / 噪鹛科

形态特征

体长23-30厘米。头顶、颈侧、胸腹深灰色，后枕灰色和棕色，前额、颏、喉至上胸具狭窄的黑色区域，前额黑色羽上方具少量白色羽，贯眼纹黑色，两侧下颊和耳后具白色椭圆斑，上体、两翼至尾上覆羽棕褐色。仅见于海南的*monachus*亚种颊部黑色，上体棕褐色，有可能为一独立种。虹膜红褐色，喙角质灰色，脚黄褐色至角质褐色。

分布

国内见于云南西部、广西、广东、香港、海南。国外分布于中南半岛。

国家重点保护野生动物
二级

IUCN 红色名录
LC

CITES 附录
未列入

monachus 亚种

蓝冠噪鹛

Garrulax courtoisi

鸟纲 / 雀形目 / 噪鹛科

形态特征

体长24-25厘米。头顶至后枕蓝青色，前额、颏部和脸罩黑色，上体橄榄褐色，两翼飞羽蓝灰色，喉鲜黄色，后颈、颈侧至胸腹部橄榄绿色，尾羽蓝灰色而尖端深色，两侧尾羽白色，尾下覆羽白色。虹膜红褐色，喙角质黑色，脚角质灰色。

分布

中国鸟类特有种。仅分布于江西东北部、云南中南部、广西。

国家重点保护野生动物
一级

IUCN红色名录
CR

CITES附录
未列入

棕噪鹛

Garrulax berthemyi

鸟纲 / 雀形目 / 噪鹛科

形态特征

体长27-29厘米。眼先和颏黑色，眼后具蓝色裸皮，头、上背、喉及上胸棕黄色，两翼和尾羽棕红色，下胸和腹部浅灰色，尾下覆羽和臀羽纯白色。虹膜黑褐色，喙灰黄色，脚角质灰色。

分布

中国鸟类特有种。分布于华东、华中、东南、西南。

国家重点保护野生动物
二级

IUCN
红色名录
LC

CITES
附录
未列入

橙翅噪鹛

Trochalopteron elliotii

鸟纲 / 雀形目 / 噪鹛科

形态特征

体长22-26厘米。通体褐色，脸部褐色较深，具黑色眉纹，两翼暗褐色，具有橙黄色翅斑，尾羽呈楔形且具白色端斑，尾下覆羽栗红色。与其他两翼飞羽具橙色斑的噪鹛区别在于头纯色而无浅色条纹或色块。虹膜黄白色，喙角质黑色，脚粉褐色。

分布

中国鸟类特有种。分布区北至甘肃中部和青海东部，西至西藏东部，南至云南西北部和贵州西北部，东至陕西南部、重庆、湖北西部和贵州东北部。

国家重点保护野生动物	IUCN 红色名录	CITES 附录
二级	LC	未列入

红翅噪鹛

Trochalopteron formosum

鸟纲 / 雀形目 / 噪鹛科

形态特征

体长27-28厘米。头部前额至头顶及耳羽银灰色，眼先、颏、喉、耳羽后缘至上胸黑色，体羽棕褐色，两翼具暗红色斑块，初级飞羽羽缘黑色，尾羽红色。虹膜黑色，喙角质灰色，脚角质褐色。

分布

国内见于四川中西部和中南部、云南东北部和东南部、广西西部。国外分布于中南半岛。

国家重点保护野生动物
二级

IUCN
红色名录
LC

CITES
附录
未列入

红尾噪鹛

Trochalopteron milnei

鸟纲 / 雀形目 / 噪鹛科

国家重点保护野生动物
二级

IUCN
红色名录
LC

CITES
附录
未列入

形态特征

体长26-28厘米。头部前额至后枕橘黄色，眼圈至后颊银白色或白色，眼先、颏和喉黑色，体羽橄榄褐色而具鳞状斑纹，两翼鲜红色而飞羽尖端黑色，腰羽褐色，尾上覆羽鲜红色。虹膜黑褐色，喙角质黑色，脚角质黑色。

分布

国内见于云南、四川、重庆、贵州、广西、福建西北部。国外分布于中南半岛。

黑冠薮鹛

Liocichla bugunorum

鸟纲 / 雀形目 / 噪鹛科

形态特征

体长22厘米。小型薮鹛，体羽橄榄绿色，具黑色顶冠和黄色眼周，两翼具橄榄黄色、红色和白色斑点，雌鸟羽色较暗淡。喙角质黑色，脚角质粉色。

分布

中国鸟类特有种国内目前已知仅分布于西藏东南部。

国家重点保护野生动物 一级

IUCN红色名录 CR

CITES附录 未列入

灰胸薮鹛

Liocichla omeiensis

鸟纲 / 雀形目 / 噪鹛科

形态特征

体长17-20厘米。顶冠深灰色，前额、眼后形成棕红色宽眉纹，脸颊灰色而眼圈四周黄色，上背橄榄绿色，下体深灰色，两翼黑色且飞羽具黄色羽缘，次级飞羽基部红色形成红色翼斑，端部红色形成点状斑，腰至尾羽橄榄绿色，尾呈方形，末端红色或橙红色，次端黑色。虹膜黑褐色，喙角质黑色，脚粉褐色。

分布

中国鸟类特有种。仅分布于四川南部邛崃山脉南段、大相岭、大凉山和云南东北部。

国家重点保护野生动物 一级

IUCN红色名录 VU

CITES附录 附录II

银耳相思鸟

Leiothrix argentauris

鸟纲 / 雀形目 / 噪鹛科

形态特征

体长15.5–17厘米。头黑色而具银白色耳羽，额具明黄色羽，颏、喉、胸、后颈和上腹橙红色，上背深橄榄灰色，两翼飞羽具鲜红色至明黄色斑块，腰棕红色，两胁和下腹染灰色，臀羽红色，尾羽灰黑色，外侧尾羽黄色或红色，尾羽呈方形、分叉不明显而不同于红嘴相思鸟。虹膜红褐色，喙橘黄色，脚橘黄色至粉褐色。

分布

国内见于云南、贵州、广西、西藏东南部。国外分布于印度、不丹至东南亚。

国家重点保护野生动物
二级

IUCN
红色名录
LC

CITES
附录
附录II

红嘴相思鸟

Leiothrix lutea

鸟纲 / 雀形目 / 噪鹛科

形态特征

体长14-15厘米。头黄绿色，脸颊围绕眼周黄白色，上体深橄榄绿色，喉至下腹明黄色，胸部染红色，两胁染灰色，两翼具鲜红色和明黄色翼斑，尾羽橄榄绿色至黑色，中间分叉，尾下覆羽和下腹染灰色。虹膜黑褐色，喙鲜红色，脚粉褐色。

分布

国内见于秦岭和河南大别山东至沿海，西至西藏南部的各省区，但不包括台湾和海南。国外分布于印度、缅甸、越南。

国家重点保护野生动物

二级

IUCN 红色名录

LC

CITES 附录

附录Ⅱ

四川旋木雀

Certhia tianquanensis

鸟纲 / 雀形目 / 旋木雀科

形态特征

体长12-14厘米。体羽似旋木雀而喙较短，仅略为下弯，颏和喉白色，腹、胸部和两胁灰色而不同于旋木雀的白色。虹膜黑褐色，上喙黑色，下喙基部粉白色，脚黄褐色。

分布

中国鸟类特有种。仅分布于四川邛崃山、大相岭和北部岷山，以及陕西南部、甘肃南部。

国家重点保护野生动物
二级

IUCN
红色名录
LC

CITES
附录
未列入

滇䴓

Sitta yunnanensis

鸟纲 / 雀形目 / 䴓科

形态特征

体长12厘米。整个头至上体及尾上覆羽石板灰色，头具黑色贯眼纹至耳后渐宽，眉纹细而呈白色，颏、喉白色，下体浅茶黄色。似其他灰色䴓类，但上体颜色单一且尾下覆羽无栗色。虹膜黑褐色，喙黑色，脚灰褐色。

分布

中国鸟类特有种。分布于西藏东南部、云南、四川、贵州西部。

国家重点保护野生动物
二级

IUCN
红色名录
NT

CITES
附录
未列入

巨䴓

Sitta magna

鸟纲 / 雀形目 / 䴓科

形态特征

体长19.5厘米。雄鸟自眼先形成粗黑色贯眼纹和眉纹且延长至颈侧，头部颜色稍淡，上体灰黑色，两翼色稍深，下颊至下腹灰白色，尾下覆羽栗色具白色端斑；雌鸟似雄鸟，但显暗淡，脸部的黑色纹较显褐色，下体染皮黄色。虹膜黑褐色，上喙灰黑色，下喙基部肉色，脚粉褐色。

分布

国内见于四川、云南、贵州西南部。国外分布于缅甸中东部至泰国西北部。

国家重点保护野生动物
二级

IUCN
红色名录
EN

CITES
附录
未列入

丽䴓

Sitta formosa

鸟纲 / 雀形目 / 䴓科

形态特征

体长19.5厘米。体大而体色艳丽，上体黑色而具辉蓝色肩斑，头颈具白色细纵纹，下体红褐色。虹膜红褐色，喙角质黑色，下喙基部浅色，脚灰绿色。

分布

国内罕见于西藏东南部，云南西部、南部和东南部。国外分布于印度、不丹至中南半岛北部。

国家重点保护野生动物
二级

IUCN
红色名录
VU

CITES
附录
未列入

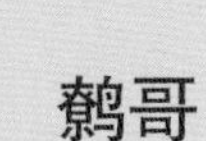

鹩哥

Gracula religiosa

鸟纲 / 雀形目 / 椋鸟科

形态特征

体长27-31厘米。通体黑色而泛蓝紫色光泽，以头后部两侧具标志性的大块鲜黄色裸皮和肉垂而不同于其他八哥，初级飞羽基部白色而形成明显块状翼斑。虹膜黑褐色而具浅色眼圈，喙橘红色而尖端黄色，脚鲜黄色。

分布

国内见于西藏东南部、云南西部和南部、广西西南部、海南。国外分布于南亚和东南亚。

国家重点保护野生动物
二级

IUCN 红色名录
LC

CITES 附录
附录Ⅱ

褐头鸫

Turdus feae

鸟纲 / 雀形目 / 鸫科

形态特征

体长22-23.5厘米。雄鸟具白眉和标志性的白色下眼圈，上体、腰及尾上覆羽棕褐色，具1道翼斑，颏至腹灰白色，两胁灰色，下腹和尾下覆羽白色；雌鸟似雄鸟但颜色显暗淡，眉纹不明显，颏、喉染褐色点斑。虹膜黑色，上喙角质色，下喙黄色，脚黄褐色。

分布

国内繁殖于内蒙古、河北、山西、北京，迁徙期见于四川、云南、重庆。国外越冬于印度、缅甸、泰国。

国家重点保护野生动物
二级

IUCN
红色名录
VU

CITES
附录
未列入

雄

雄

紫宽嘴鸫

Cochoa purpurea

鸟纲 / 雀形目 / 鸫科

形态特征

体长26-28厘米。体型略大，雌雄羽色相异。雄鸟通体紫褐色，头顶蓝紫色，脸罩黑色，两翼具蓝紫色翼斑，尾羽紫色，尖端黑色；雌鸟上体深灰褐色，两翼翼尖黑色，尾蓝紫色，尖端黑色。虹膜红褐色，喙黑色，脚角质黑色。

分布

国内见于西藏东南部、四川、贵州、云南、广西、香港。国外分布于印度至中南半岛北部。

国家重点保护野生动物
二级

IUCN
红色名录
LC

CITES
附录
未列入

绿宽嘴鸫

Cochoa viridis

鸟纲 / 雀形目 / 鸫科

形态特征

体长27-29厘米。雄鸟头顶辉蓝色，下颊、颏、喉、上体和下体深蓝绿色，两翼黑色并具浅蓝色翼斑，尾辉蓝色而具黑色尖端；雌鸟似雄鸟，但翼斑染绿色。虹膜红褐色，喙角质黑色，脚粉褐色至角质褐色。

分布

国内见于西藏东南部、云南、福建。国外分布于印度至中南半岛北部。

国家重点保护野生动物
二级

IUCN 红色名录
LC

CITES 附录
未列入

棕头歌鸲

Larvivora ruficeps

鸟纲 / 雀形目 / 鹟科

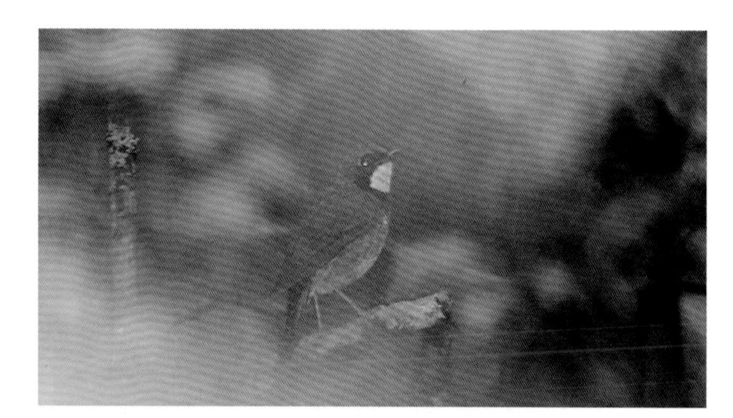

形态特征

体长13-15厘米。雄鸟头顶至后枕鲜红棕色而形成头罩，眼先至下颊黑色，颏、喉白色，上体深灰色，下体白色而具灰黑色胸带，尾羽黑褐色且两侧基部红棕色；雌鸟胸腹鳞状斑更明显且腰和尾羽不染蓝色。虹膜黑褐色，喙黑色，脚粉褐色。

分布

国内见于四川北部至陕西南部。国外见于马来西亚和柬埔寨等地。

国家重点保护野生动物
一级

IUCN
红色名录
EN

CITES
附录
未列入

红喉歌鸲

Calliope calliope

鸟纲 / 雀形目 / 鹟科

形态特征

体长14-16厘米。亦叫红点颏。雄鸟整体棕褐色，具白色的眉纹和下颊纹，颏、喉鲜红色且具黑色边缘，胸部具灰褐色条带，下体灰白色而两胁染褐色；雌鸟似雄鸟但颜色较暗淡，喉部红色浅或不明显，胸部灰色较淡。虹膜黑褐色，喙角质黄色或黑褐色，脚黄褐色。

分布

国内繁殖于东北和中西部地区，迁徙见于大部分省区，越冬于西南和华南。国外繁殖于东北亚，非繁殖季分布于南亚和东南亚。

国家重点保护野生动物
二级

IUCN
红色名录
LC

CITES
附录
未列入

黑喉歌鸲

Calliope obscura

鸟纲 / 雀形目 / 鹟科

形态特征

体长12-14厘米。雄鸟上体青灰色，颊至前胸黑色，尾黑色，基部两侧白色，下体乳白色；雌鸟上体橄榄褐色，下体黄白色，尾红褐色。雌鸟似金胸歌鸲，但下体颜色略深，尾下覆羽具不明显至明显的鳞状纹。虹膜黑色，有浅色眼圈，喙黑色，脚角质色。

雌

分布

国内繁殖于陕西南部、甘肃东南部、四川中北部、湖北西部，迁徙季节见于四川中部和云南东南部。国外分布于泰国北部。

国家重点保护野生动物
二级

IUCN
红色名录
VU

CITES
附录
未列入

雄

金胸歌鸲

Calliope pectardens

鸟纲 / 雀形目 / 鹟科

形态特征

体长13-15厘米。雄鸟头顶至整个上体深石青色，尾羽两侧基部白色，整个脸颊黑色且延伸至胸和上腹两侧，后颊和颈侧具白色块斑，颏、喉、胸和上腹火红色，下腹、尾下覆羽皮黄色；雌鸟上体橄榄褐色，前额染棕色，下体浅棕色，腹部中央白色，尾羽褐色而两侧基部棕色，尾下覆羽皮黄色。虹膜黑色，喙黑色，脚角质褐色。

分布

国内见于陕西南部、四川、重庆、云南、西藏东南部。国外冬季偶见于印度和缅甸东北部。

国家重点保护野生动物 二级

IUCN 红色名录 NT

CITES 附录 未列入

雄

雌

雄

蓝喉歌鸲

Luscinia svecica

鸟纲 / 雀形目 / 鹟科

雌

形态特征

体长14-16厘米。雄鸟头至上体和腰橄榄褐色，眉纹和下颊纹白色，尾羽黑褐色而两侧基部橙色，喉部至上胸具多变的蓝色、橙色、白色，以及黑色环状羽，下胸至尾下覆羽灰白色，两胁染棕色；雌鸟喉和胸缺少蓝色和橙色，具黑色髭纹和颈侧鳞状黑纹，喉至胸为灰白色。虹膜黑褐色，喙褐色，脚粉褐色至角质褐色。

分布

国内繁殖于西北和东北地区，迁徙季节见于除青藏高原和沙漠腹地以外的全国各地，越冬于西南和华南地区。国外繁殖于古北界的温带地区，越冬于非洲北部、南亚和东南亚。

雄

 国家重点保护野生动物 二级

 IUCN红色名录 LC

 CITES附录 未列入

雌

新疆歌鸲

Luscinia megarhynchos

鸟纲 / 雀形目 / 鹟科

形态特征

体长15-16.5厘米。雌雄羽色相似，整个上体棕褐色，眉纹白色或白色不明显，腰和尾羽偏红棕色，脸颊显斑驳，下体灰白色，颈侧和两胁皮黄色，尾明显较其他歌鸲长。虹膜黑褐色，喙黑褐色，脚粉褐色。

分布

国内仅见于新疆西部和北部。国外分布于南欧、北非、西亚、中亚、南亚西北部。

国家重点保护野生动物
二级

IUCN 红色名录
LC

CITES 附录
未列入

棕腹林鸲

Tarsiger hyperythrus

鸟纲 / 雀形目 / 鹟科

形态特征

体长12-14厘米。雄鸟上体深蓝色，具辉蓝色眉纹和肩斑，颏、喉、胸、上腹及两胁橙棕色，下腹至尾下覆羽白色；雌鸟上体橄榄褐色，颏、喉至腹部棕黄色，下腹中央、尾下覆羽白色，具不明显暗色眉纹。虹膜黑色，喙黑色，脚角质黑色。

分布

国内见于西藏东南部和云南西北部。国外分布于印度、缅甸北部。

国家重点保护野生动物
二级

IUCN 红色名录
LC

CITES 附录
未列入

雄

雌

雄

贺兰山红尾鸲

Phoenicurus alaschanicus

鸟纲 / 雀形目 / 鹟科

形态特征

体长18-20厘米。雄鸟具蓝灰色头罩并延伸至上背，下背、腰至尾上覆羽棕红色，中央尾羽棕黑色，颏、喉至胸腹棕红色，腹部染白色，两翼黑褐色并具大块白色翼斑；雌鸟上体棕褐色，腰和尾上覆羽棕色，下体沙褐色，腹部染白色。虹膜黑褐色，喙黑色，脚角质褐色。

分布

中国鸟类特有种。繁殖季见于宁夏、甘肃、青海、内蒙古，非繁殖季见于陕西、山西、河南、河北、北京。

国家重点保护野生动物
二级

IUCN
红色名录
NT

CITES
附录
未列入

雌

雄

雄

白喉石䳭

Saxicola insignis

鸟纲 / 雀形目 / 鹟科

形态特征

体长14-15厘米。雄鸟具黑色头罩，后颈中央和上背褐色，具黑色鳞状纹，两翼具大块白色翼斑，腰白色，尾羽黑色，颏、喉、颈侧、胸腹至尾下覆羽纯白色，胸和上腹染橙色，颈侧具宽阔的白色半领环。雌鸟似雄鸟，但头部为灰褐色，具皮黄色翼斑，颏、喉黄白色，下体皮黄色而染橙色，上体偏灰色，飞羽基部具白色斑。虹膜黑色，喙黑色，脚黑色。

分布

国内见于青海、内蒙古、四川西北部。国外繁殖于哈萨克斯坦、蒙古、俄罗斯，越冬于印度和尼泊尔。

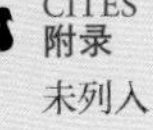

国家重点保护野生动物 二级 | IUCN 红色名录 VU | CITES 附录 未列入

白喉林鹟

Cyornis brunneatus

鸟纲 / 雀形目 / 鹟科

形态特征

体长14-16厘米。雌雄羽色相似，上体橄榄褐色，颏、喉白色并具白色细纹，上胸具灰褐色胸带，腹部污白色。虹膜黑褐色，上喙角质褐色，下喙橙黄色，脚粉色至橙黄色。

分布

国内见于华中、华南、西南各省区。国外越冬于马来半岛。

国家重点保护野生动物 二级 | IUCN 红色名录 VU | CITES 附录 未列入

棕腹大仙鹟

Niltava davidi

鸟纲 / 雀形目 / 鹟科

形态特征

体长16–19厘米。雄鸟上体深蓝色，脸颊、颏和喉黑色，下体橙色。头顶辉蓝色仅位于前额到头顶，不延伸至头后，肩羽的辉蓝色较暗或不明显，胸部橙色到腹部逐渐变淡，两翼更染褐色。雌鸟体羽灰褐色，眼先、腰、尾上覆羽和两翼灰色，颈侧具辉蓝色斑，颏、喉皮黄色，喉与胸之间具白色颈环，下体灰色。虹膜黑褐色，喙黑色，脚黑色。

分布

国内见于华中、华南、西南各省区。国外越冬于中南半岛。

国家重点保护野生动物
二级

IUCN 红色名录
LC

CITES 附录
未列入

雄

雌

大仙鹟

Niltava grandis

鸟纲 / 雀形目 / 鹟科

形态特征

体长20-22厘米。雄鸟上体深蓝色，前额、颈侧、肩羽和腰羽辉蓝色，脸颊褐色，喉黑色，胸、下体至尾下覆羽蓝黑色；雌鸟通体橄榄褐色，前额、两翼和尾上覆羽红棕色，颈侧辉蓝色，颏、喉皮黄色，喉和胸之间没有白色颈环。虹膜黑褐色，喙黑色，脚角质黑色。

分布

国内见于西藏南部和东南部，云南西部、南部和东南部。国外分布于尼泊尔、印度至东南亚。

国家重点保护野生动物
二级

IUCN
红色名录
LC

CITES
附录
未列入

雄

雄

雌

贺兰山岩鹨

Prunella koslowi

鸟纲 / 雀形目 / 岩鹨科

形态特征

体长14-15厘米。上体褐色而下体浅色，头部至上体皮黄褐色而具模糊的深色纵纹，脸沾锈色，并具较宽的浅褐色半领环，喉部灰白色，两胁略具纵纹，下体皮黄色或白色，尾、两翼褐色，边缘皮黄色，覆羽的羽端白色，形成浅色点状翼斑。虹膜褐色，喙近黑色，脚偏粉色。

分布

国内见于内蒙古阿拉善左旗和宁夏中卫附近。国外分布于蒙古。

国家重点保护野生动物
二级

IUCN
红色名录
LC

CITES
附录
未列入

朱鹀

Urocynchramus pylzowi

鸟纲 / 雀形目 / 朱鹀科

雄

形态特征

体长15-17厘米。繁殖期雄鸟的眉线、喉、胸及尾羽的羽缘粉红色，上体褐色斑驳，尾甚长而凸；雌鸟胸部皮黄色而具深色纵纹，尾基部浅粉橙色，尾长似长尾雀，但无长尾雀的喙粗短及2道翼斑。虹膜深褐色，喙较细小，具角质色或偏粉色，脚灰色。

分布

中国鸟类特有种。分布于青海、甘肃、西藏东部，以及四川北部和西部地区。

国家重点保护野生动物
二级

IUCN红色名录
LC

CITES附录
未列入

雌

雌

褐头朱雀

Carpodacus sillemi

鸟纲 / 雀形目 / 燕雀科

形态特征

体长18厘米。翅长而尾短，头部黄褐色，额无黑色，上背无纵纹，腰、下体羽色较淡，飞羽无白色翼缘，色彩为暗灰色，腿细。幼鸟上体、颏多细纹，下体色较白。虹膜褐色，喙灰色，脚深褐色。

分布

中国鸟类特有种。仅分布于新疆西南部、青海西部。

国家重点保护野生动物

二级

IUCN 红色名录

DD

CITES 附录

未列入

雄

雌

雄

藏雀

Carpodacus roborowskii

鸟纲 / 雀形目 / 燕雀科

形态特征

体长17-18厘米。两翼长及尾端，喙细而呈黄色，以此区别于几乎所有朱雀。雄鸟头部全为深绯红色，有丝绒光泽，无对比性眉纹，喉部深绯红色，带白色点斑，腰、两胁及尾缘偏粉色，上背灰色，羽缘粉红色而成扇贝形斑纹；雌鸟周身黄褐色，上体比下体羽色略深，纵纹浓密但模糊，尾略凹。虹膜褐色，喙黄色，脚深褐色。

分布

中国鸟类特有种。分布仅局限于西藏东北部，青海西部、中南部的布尔汗布达山和阿尼玛卿山。

 国家重点保护野生动物 二级

 IUCN 红色名录 LC

 CITES 附录 未列入

雄

雌

北朱雀

Carpodacus roseus

鸟纲 / 雀形目 / 燕雀科

雌

形态特征

体长15-17厘米。体型敦实而尾长。雄鸟头顶染红色，额、颏霜白，无对比性眉纹，头、下背及下体淡红色至绯红色，上体、覆羽深褐色，边缘粉白色，具2道浅色翼斑；雌鸟整体黄褐色，间有灰白色，上体具褐色纵纹，额、腰部染粉色，胸沾粉色，下体皮黄色而具纵纹，臀白色。虹膜褐色，喙近灰色，脚褐色。

分布

国内越冬于北方和东部广大范围内。国外分布于西伯利亚、蒙古、日本、哈萨克斯坦及朝鲜半岛。

雌

国家重点保护野生动物
二级

IUCN
红色名录
LC

CITES
附录
未列入

雄

红交嘴雀

Loxia curvirostra

鸟纲 / 雀形目 / 燕雀科

雄

形态特征

体长15-17厘米。上下喙端均具钩并从侧面交叉，以此区别于大多数雀类。繁殖期雄鸟染红色，程度随亚种或分布地而有异，从橘黄色、玫红色至猩红色不等。雌鸟通体暗橄榄绿色或染棕灰色。幼鸟似雌鸟而具纵纹。无明显白色翼斑，三级飞羽无白色羽端。虹膜深褐色，喙近黑色，脚近黑色。

分布

国内广泛分布于大多数省区。国外分布于全北界和东南亚的部分地区。

国家重点保护野生动物
二级

IUCN 红色名录
LC

CITES 附录
未列入

雄

雌

蓝鹀

Emberiza siemsseni

鸟纲 / 雀形目 / 鹀科

雌

形态特征

体长12-14厘米。雄鸟全身体羽大致蓝灰色，仅三级飞羽近黑色而腹部、臀及尾外缘为醒目的白色，雌鸟头和胸部暖棕褐色而无任何斑纹，上体褐色有纵纹，具2道锈色翼斑，腰灰色，腹部、臀及尾外缘为醒目的白色。虹膜深褐色，喙黑色，脚偏粉色。

分布

中国鸟类特有种。见于西北、华中、华东、华南。

国家重点保护野生动物
二级

IUCN
红色名录
LC

CITES
附录
未列入

雄

栗斑腹鹀

国家重点保护野生动物
一级

IUCN 红色名录
EN

CITES 附录
未列入

Emberiza jankowskii

鸟纲 / 雀形目 / 鹀科

形态特征

体长15-16厘米。脸部具显著斑纹，耳羽灰色，上背多纵纹，翼斑白色。雄鸟下体喉至胸由近白色渐变为灰色，腹中央具特征性深栗色斑块，当腹部斑块不明显时，特征为胸偏白色；雌鸟胸中央浅灰色，腹斑较小。虹膜深褐色，喙双色，上喙色深，下喙蓝灰色，脚橙色而偏粉色。

分布

国内见于内蒙古东北部、吉林西部、黑龙江南部、河北东北部和北京。国外曾分布于朝鲜半岛和俄罗斯。

雄

雄

雌雄

黄胸鹀

Emberiza aureola

鸟纲 / 雀形目 / 鹀科

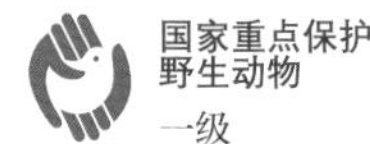
国家重点保护野生动物
一级

IUCN红色名录
CR

CITES附录
未列入

形态特征

体长14-16厘米。色彩鲜艳，繁殖期雄鸟顶冠和颈背栗色，脸和喉黑色，黄色的领环与黄色的胸腹部间隔有栗色胸带，具特征性白色肩纹或斑块及狭窄的白色翼斑。非繁殖期雄鸟色淡，颏、喉黄色，仅耳羽黑色而具杂斑；雌鸟和亚成鸟顶纹浅沙色，两侧有深色的侧冠纹，几乎无下颊纹，眉纹浅皮黄色。虹膜深栗褐色，上喙灰色，下喙粉褐色，脚淡褐色。

分布

国内繁殖于新疆北部和东北地区，迁徙途经我国大部分地区，在广东、广西、海南、台湾等地越冬。国外分布于东欧、中亚、西伯利亚及蒙古，越冬于东南亚。

雄

雌

雄

雄

藏鹀

Emberiza koslowi

鸟纲 / 雀形目 / 鹀科

雄

形态特征

体长17-19厘米。体型略大并具长尾。雄鸟繁殖期头黑色，眉纹白色延至颈背，颈圈灰色，背栗色而腰灰色，颏和眼先栗色，有白色胸兜及黑色项纹，下体灰色而臀近白，飞羽黑色，羽缘色浅；雌鸟和非繁殖期雄鸟体色较暗且无黑色项纹，背栗色而具黑色纵纹，喉褐色具纵纹，眉线色浅。虹膜褐色，喙蓝黑色，脚橘黄色。

分布

中国鸟类特有种。仅分布于青藏高原东部和四川西北部。

国家重点保护野生动物
二级

IUCN
红色名录
NT

CITES
附录
未列入

雄

雌

主要参考文献

丁平，张正旺，梁伟，等，2019. 中国森林鸟类[M]. 长沙：湖南科学技术出版社.

段文科，张正旺，2017. 中国鸟类图志[M]. 北京：中国林业出版社.

国家林业和草原局，农业农村部，2021. 国家重点保护野生动物名录[EB/OL]. (2021-02-05). http://www.forestry.gov.cn/html/main/main_5461/20210205122418860831352/file/20210205151950336764982.pdf

蒋爱伍，2021. 广西鸟类图鉴[M]. 南宁：广西科学技术出版社.

刘金，阙品甲，张正旺，2019. 中国水鸟的物种多样性及其国家重点保护等级调整的建议[J]. 湿地科学. 17(2)：123-136.

刘阳，陈水华，2021. 中国鸟类观察手册[M]. 长沙：湖南科学技术出版社.

卢欣，2018. 中国青藏高原鸟类[M]. 长沙：湖南科学技术出版社.

马志军，陈水华，2018. 中国海洋与湿地鸟类[M]. 长沙：湖南科学技术出版社.

曲利明，2013. 中国鸟类图鉴[M]. 福州：海峡书局.

庆保平，叶元兴，张亚祖，等，2022. 2016至2019年朱鹮野生种群收容救护现状分析[J]. 动物学杂志，1-9.

邢莲莲，杨贵生，马鸣，2020. 中国草原与荒漠鸟类[M]. 长沙：湖南科学技术出版社.

约翰•马敬能，2021. 中国鸟类野外手册——马敬能新编版[M]. 北京：商务印书馆.

张雁云，郑光美，2021. 中国生物多样性红色名录 脊椎动物：第2卷 鸟类[M]. 北京：科学出版社.

郑光美，2017. 中国鸟类分类与分布名录[M]. 第3版. 北京：科学出版社.

郑光美，2021. 世界鸟类分类与分布名录[M]. 第2版. 北京：科学出版社.

CITES, 2022. Checklist of CITES species, appendix Ⅰ, Ⅱ and Ⅲ[EB/OL]. [2022-02-05]. https://checklist.cites.org/.

DONG F, KUO HC, CHEN GL, et al., 2021. Population genomic, climatic, and anthropogenic evidence suggests the role of human forces in endangerment of green peafowl *(Pavo muticus)* [J]. Proceedings of the Royal Society B.,288: 1948.

GU Z, PAN S, LIN Z, et al., 2021. Climate-driven flyway changes and memory-based long distance migration[J]. Nature, 591: 259-264.

IUCN, 2022. The IUCN Red List of Threatened Species. Version 2022-1[EB/OL]. [2022-02-05]. https://www.iucnredlist.org.

LYU N, MARTIN P, THOMAS T D, et al., 2015. Uncommon paleo-distribution patterns *Chrysolophus* pheasants in East Asia: explanations and implications[J]. Journal of Avian Biology, 46: 528-537. DOI:10.1111/jav.00590.

ZHOU C, XU J, ZHANG Z, 2015. Dramatic decline of the Vulnerable Reeves's pheasant *Syrmaticus reevesii*, endemic to central China[J]. Oryx, 49(3): 529–534.

ZOU J, DONG L, DAVISON G, et al., 2021. Identifying a new phylogeographic population of the Blyth's Tragopan *(Tragopan blythii)* through multi-locus analyses[J]. Zool Stud, 60: e40-e40.

跋

2021年2月5日，国家林业和草原局、农业农村部联合发布公告，正式公布新调整的《国家重点保护野生动物名录》（以下简称《名录》）。调整后的《名录》，共列入野生动物980种和8类，其中国家一级保护野生动物234种和1类、国家二级保护野生动物746种和7类。上述物种中，686种为陆生野生动物，294种和8类为水生野生动物。

这次《名录》调整，是我国自1989年以来首次对《名录》进行大调整，与原《名录》相比，新《名录》主要有两点变化。一是原《名录》所有物种均予以保留，调整保护级别68种。其中豺、长江江豚等65种由国家二级保护野生动物升为国家一级，熊猴、北山羊、蟒蛇3种野生动物因种群稳定、分布较广，由国家一级保护野生动物调整为国家二级。二是新增517种（类）野生动物，占新名录总数的52%。其中，大斑灵猫等43种列为国家一级保护野生动物，狼等474种（类）列为国家二级保护野生动物。

我国野生动物种类十分丰富，仅脊椎动物就达7300种，其中大熊猫、华南虎、金丝猴、长江江豚、朱鹮、大鲵等许多珍贵、濒危野生动物为我国所特有。为加强珍贵、濒危野生动物拯救保护，《中华人民共和国野生动物保护法》对实施《名录》制度作出了明确规定。为让野生动物保护管理、执法监管人员熟悉新《名录》中野生动物种类、管理要求、识别特征等，便于在执法过程中准确把握法律条文、甄别驯养品种、推进依法惩处；让经营利用人员及时了解新《名录》中野生动物种类，使其在经营利用中自觉遵守野生动物保护法律法规；让公众科学认识新《名录》中野生动物物种，形成全社会保护野生动物的良好局面，中国野生动物保护协会联合海峡书局出版社有限公司，共同出版了《国家重点保护野生动物图鉴》，希望对推动我国野生动物保护有所帮助。在此，对所有参与本书编写、提供照片和资料，以及支持本书出版的单位和个人表示衷心的感谢。

“天高任鸟飞，海阔凭鱼跃”，作为生态系统重要组成部分的野生动物，在生态文明建设中正发挥着独特的作用。保护野生动物，维护其自然家园的完整性和原真性，满足人民群众对美好生活的需求，是我们的责任，也是时代的要求。

编委会

2022年3月

中文名笔画索引

三画

四画

五画

六画

七画

八画

九画

十画

十一画

十二画

十三画

十四画

十五画

十六画

十七画

十八画

二十二画

拉丁名索引

A

B

C

D

E

F

G

H

I

K

L

M

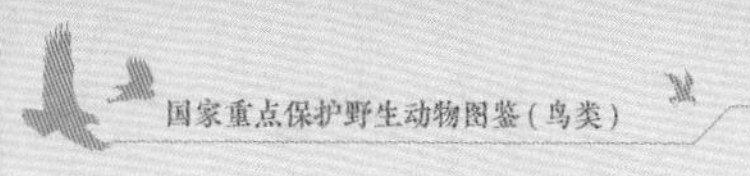

T

U

V

Z